都市と商業

中心市街地再生の新たな手法

[編著]
三谷　真・滋野英憲・濱田恵三・㈿TMネット

[著]
高橋愛典
神戸一生
郷田　淳
出口巳幸
池田朋之
小泉寿宏
福井　誠

税務経理協会

はしがき

　前著『都市商業とまちづくり』が刊行されて3年が経った。この間に中心市街地活性化法による基本計画を策定した市町村は690地区，TMOを設立したのは413件にもなった。しかし，中心市街地再生の進展は芳しくなかった。むしろ，経済状況の変化の中で衰退が加速したと言っていいだろう。

　そうした中で中心市街地活性化法は2006年に改正された。改正の内容については本文で詳述しているが，その目的は補助金の有効活用のために「バラマキ」から「選択と集中」へと改め，国による基本計画の認定制とすることであった。2007年2月に青森市と富山市が最初に認定されて以来，66市で67区域の新基本計画が認定されている（2008年11月現在）。

　今回の改正によって中心市街地のまちづくりの枠組みが大きく変わったわけではないが，新たな課題も浮上してきている。改正中心市街地活性化法が中心市街地商業の再生だけではなく，都市機能の再整備と拡充，さらにはまちなか居住の推進を目論んでいるために，それに合った事業を計画・実施しなければならなくなった。いくら補助金が付くとはいっても，ただでさえ財政状況が悪い地方都市では財政負担が大きくのしかかることになる。

　また，大都市圏内の都市の場合は，駅前などのハード整備事業はすでに完了しているところも多いので，さまざまなソフト事業を組み合わせて中心市街地の再生を目指すことになるが，これが認定を受ける際の大きなハードルとなっている。国はもちろん一定の理解は示しているものの，新たに加わった具体的な数値目標の設定で頭を悩ませている自治体が多いのが実情である。

　加えて，今回の改正では地元の参加を必須条件として設立される中心市街地活性化協議会に，形だけの地元参加ではなく，地域の民間活力をうまく活かせる仕組みづくりも求められている。これもハードルが高くなっている一因である。

とはいうものの，旧基本計画の中で既に着手している事業を継続するためにも，中心市街地再生への一歩を歩み始めている市町村はこれらのハードルをクリアして，基本計画の認定を勝ち取らなければならないし，新たに基本計画を策定しようとしまいと，まちづくりの動きを止めることはできない。

本書はそのための一助となるべく，前著と同じく日頃から熱心にまちづくりに取り組んでいる専門家（コンサルタント，タウンマネージャー，フィールドワークを通してまちづくりを研究している大学教授など）が協働して執筆し，まちづくりの現場で苦労されているすべての関係者に向けて書かれている。少しでも役に立てればと切に願うものである。

本書の出版にあたっては，出版事情の厳しい折，出版の労をとっていただいた㈱税務経理協会の峯村英治氏には改めて心から感謝を申し上げたい。

2009年3月

編著者を代表して　　三谷　真

目　次

はしがき

第1章　中心市街地再生の新たな課題と方向

1 はじめに―中心市街地活性化法の改正― ………………………………… 1
2 改正中活法と基本計画 ……………………………………………………… 3
　(1) 基本方針と基本計画の策定　3　　(2) 改正中活法の意義　4
3 まちづくりと活性化協議会 ………………………………………………… 5
　(1) まちづくりの方法と方向　5　　(2) 中活協議会とは　6
　(3) 活性化協議会のこれから　9
4 補助金とまちづくり ………………………………………………………10
　(1) 補助金とは何か　10　　(2) 補助金とまちづくり　11
　(3) 補助金の有効活用へ　12
5 おわりに―新たなまちづくりを目指して― ……………………………13

第2章　地域ブランドとシビックプライド

1 はじめに―地域ブランドが注目される背景 ……………………………19
2 地域ブランドの必要性 ……………………………………………………21
3 企業のブランド戦略から学ぶべきポイント ……………………………23
　(1) 企業のブランド戦略の変遷　23　　(2) コーポレートブランドとイン
　　ターナル・マーケティング　24　　(3) ブランド育成へのＩＣＴ活用　25

1

(4)　ブランド効果への期待　25　　(5)　地域ブランドへの適用　26
4　地域ブランドへの取り組み姿勢 ……………………………………27
　　(1)　地域ブランド創造への事前準備　27
5　地域ブランド構築のプロセスと成功要因 …………………………28
　　(1)　地域ブランドのスタート・アップ組織　28　　(2)　地域ブランドの浸透とブランド拡張　31　　(3)　知名度の低い地域の事例－塩尻市のブランド・コミュニケーション戦略　33　　(4)　地域ブランド戦略の推進方法を地域ブランド化するドグラ・マグラ的なあり方　34
6　おわりに―地域活性化に向けて地域ブランドに残された課題―　36

第3章　交通施策による商業まちづくりの支援

1　はじめに―商業まちづくりと交通まちづくり ………………………41
2　まちづくりにおける商業と交通の連携 ………………………………42
　　(1)　商業と物流・貨物輸送　42　　(2)　交通事業者の商業への進出　43
　　(3)　商業集積への交通手段整備　44　　(4)　まとめ　46
3　商業まちづくりとしての交通手段の整備 ……………………………46
　　(1)　アクセス交通・回遊交通・商品配送　47　　(2)　買い物バスの運営における商工団体の役割　49　　(3)　パートナーシップと私益・共益・公益　50
4　おわりに―まちづくりと交・流・通― ………………………………52

第4章　再開発ビル内商業の再生策

1　はじめに―再々開発の必要性 …………………………………………55
2　再々開発を必要かつ可能な再開発ビルの要件 ………………………55
3　推進組織の進化 …………………………………………………………56
　　(1)　勉強会・研究会　57　　(2)　活性化委員会　57　　(3)　事業主体の設立　57

目　次

4　事業推進 ……………………………………………………………58
(1)　個店の活性化　58　　(2)　新陳代謝の仕組み　59　　(3)　空き店舗対策　60　　(4)　地域との連携　61　　(5)　床の統合による一体的管理運営　62　　(6)　活用可能な補助制度　66

5　再開発ビルの再生事例 ……………………………………………67
(1)　佐賀市「エスプラッツ」　67　　(2)　宝塚市「逆瀬川アピア」　68　　(3)　尼崎市「立花ジョイタウン」　69

6　まとめ――まちづくり会社によるビル内商店街再生 …………69

第5章　まちづくりとライフスタイルセンター

1　はじめに――多様化するSC開発―― ………………………………71
2　中心市街地再生の変遷 ……………………………………………72
(1)　商店街再生の終焉　72　　(2)　まちづくり三法改正の背景と都市再生へのシフト　73

3　アメリカでのショッピングセンターの開発動向 ………………74
(1)　主流となる大型SCでのオープンエアー型開発　74　　(2)　アメリカでのライフスタイルセンターの定義　76　　(3)　ライフスタイルセンターの特徴　77

4　ライフスタイルセンターの活用による中心市街地の再生 ………76
(1)　これまでの点型SC開発　78　　(2)　面的開発の手法であるジェントリフィケーション　80　　(3)　面的開発の誘因となる点型開発　81

5　おわりに――長期的視点でのまちづくり―― ……………………83

第6章　タウン・マネジメントと地域コミュニティ

1　はじめに――地域コミュニティの再生へ ………………………87
2　国内外のまちづくり機関の現状 …………………………………88
(1)　BID　88　　(2)　メインストリートプログラム　90　　(3)　TCM　92　　(4)　新TMO　93

3 タウン・マネジメント活動の実際 ……………………………………96
　(1) コベントリー～まちの安全を守る～　96　(2) マニヤンク～スペシャリティ型商業集積づくり～　97　(3) 新業態ショッピングセンター～計画的に造られた商店街～　98
4 今後の地域コミュニティ ………………………………………………100
　(1) タウン・マネジメントの課題　100　(2) わが国の地域コミュニティの課題　101　(3) これからのまちづくり　103
5 おわりに―「スロータウン」のまちづくり― ………………………105

第7章　まちづくりと個店力

1 はじめに―個店力とは― ……………………………………………107
　(1) 個店力が示すまちのポテンシャル　107　(2) 個店力がキーワードになる理由　109
2 集積の魅力ＶＳ個店の魅力 …………………………………………110
　(1) 大型ショッピングセンターは楽しいか　110　(2) プロの客を集めるプロの店　112
3 個店力＝まちの力 ……………………………………………………113
　(1) "パワーショップ"がまちを支える　113
4 数値でわかる個店力 …………………………………………………115
　(1) 個店力がわかる「5つの指標」　115
5 個店力によるまちづくりの可能性 …………………………………117
　(1) 人気のまちには個店力がある　117
6 個店力でみる新たなまちづくりの視点 ……………………………120
　(1) 個店力がまちを変える　120　(2) まちの活性化は個店力強化から　121

第8章　まちづくりと都市型観光

1 はじめに―都市型観光とは何か― …………………………………123
2 まちづくりにもとめられる観光の視点 ……………………………124

(1) 今日的観光のポイント　124　(2) まちづくりに求められる観光の
　　　　視点とは　126
　3 まちづくりに観光を織り込む取り組み ……………………………127
　　　(1) 地域資源の活用　127　(2) 地域資源を活用した観光まちづくり　128
　　　(3) 集客に欠かせないユニバーサルな視点　131
　4 メリットと今後のテーマ …………………………………………134
　　　(1) メリット　134　(2) 今後のテーマ　135
　5 ま と め …………………………………………………………136

第9章　都市再生のためのＩＣＴ活用とは

　1 はじめに ……………………………………………………………137
　2 情報社会の進展と中心市街地への波及 …………………………140
　　　(1) 「情報化社会」から「情報社会」へ，「ＩＴ」から「ＩＣＴ」へ　140
　　　(2) なぜＩＣＴに脅威を感じるのか　142
　3 バーチャルリアリティーからオーグメントリアリティーへ ……143
　　　―その変化が示唆すること―
　　　(1) アニメ「電脳コイル」にみるオーグメントリアリティー　143
　　　(2) バーチャルリアリティーの失敗―ＭＭＯＲＰＧとセカンドライフ―　144
　　　(3) オーグメントリアリティーが示唆する地域情報化のあり方とは　145
　4 地域情報化の担い手 ………………………………………………146
　　　(1) 地方自治体　146　(2) 事業者による取り組み　147
　　　(3) 住民や商業者による取り組み　148
　5 新しい地域情報化の手法としての地域ＳＮＳ …………………149
　　　(1) 地域ＳＮＳとは　149　(2) 「まちれぽ宝塚」プロジェクト　150
　6 中心市街地に効果をもたらす地域情報化とは
　　　―関係性の基盤形成に向けて― ……………………………………151

第10章　まちづくり主体の新視点

1　はじめに―まちづくり主体への問題認識 ……………………155
　(1) まちづくりプロセスの構造と主体への課題　155　(2) まちづくり主体への変遷と問題提起　156

2　まちづくり主体の概況と課題 ……………………157
　(1) TMOによるまちづくり主体の概況　157　(2) TMOを設立しなくてもまちづくりは推進できる　158　(3) 改正中活法による新たな中活協議会の現況と課題　161

3　まちづくり主体への新たな視点 ……………………162
　(1) 新たなまちづくり主体として中活協議会への考察　162　(2) まちづくり主体としての「新たな公(共)」への考察　163　(3) ソーシャル・キャピタルによる「市民力」の醸成　165

4　おわりに―今後のまちづくり主体への課題と展望― ……………………166

索　引 ……………………169

中心市街地再生の新たな課題と方向

1
はじめに－中心市街地活性化法の改正－

　1998年に施行された中心市街地活性化法（正式名称は「中心市街地における市街地の整備改善及び商業等の活性化の一体的推進に関する法律」，以下，旧中活法）は2006年に改正された。名称も「中心市街地の活性化に関する法律」（以下，改正中活法）と変更された。この間，全国で690の中心市街地活性化基本計画が作られ，413のTMO（Town Management Organization）が設立されている。

　今回の改正の理由は，旧中活法が中心市街地の活性化を目指しながら，中心市街地商業の再生に偏っており，病院や学校，行政といった都市機能の拡散と居住人口の拡散を防ぎ，さらに大規模集客施設の郊外立地を抑制する仕組みづくりが十分でなかったからである。また，旧中活法によって基本計画は作ったものの，TMOを設立できずに事業を構想できなかったり，TMOは設立したが，組織の維持管理をできるほどの具体的な事業すら展開できなかったという事例が数多くみられたからである[1]。

　要するに，基本計画を届け出てTMO構想による事業を展開しようとした地域には，各種補助金をいわば一律にバラまいたものの，とくに地方都市での中

心市街地の衰退に歯止めがかかったわけでもなく，全国で中心市街地の再生が進んだとはいえなかったからある。その反省から，今回は再生のための事業を「本気」でやろうとするところを選択し，そこへ集中的に補助金を使おうという「選択と集中」を目指したのである。

そのために，単なる届出制から国（内閣総理大臣）による認定制へと変更し，基本計画に盛り込む事業も都市機能の集積を促進する事業（都市福利施設の整備・拡充）とまちなか居住を推進するための事業が新たに付け加えられた。さらに，5年という期間を定め，歩行者数や小売商店数を増やすといったいくつかの具体的な数値目標を出させて，その間の事業の実施状況によっては補助金の打ち切りをする場合も想定されている。つまり「やる気と本気」が試されるということになっているのである[2]。

まちなか居住の推進は，旧中活法では「コンパクト・シティ」構想が都市再生のモデルとして採用されていた。それは今回も同様であるが，その実現のための具体的な方法は都市によって異なっていることはいうまでもない。たとえば，認定都市第一号の青森市と富山市をみてみると，青森市が駅前に市民図書館とショッピング・ゾーンを持った複合施設のＡＵＧＡ（アウガ）と高齢者用マンションを建設して，高齢者の中心市街地への住み替え支援を行うのに対して，富山市では新交通システムであるＬＲＴ（light rail transit）を導入することによって，中心市街地での回遊性を高める大規模事業を推進している。

いずれもその地域の実情にあったコンパクト・シティの実現を目指しており，都市再生モデルとして，掛け声だけでなくようやく具体的な形がみえてきたといえるであろう。

改正中活法のこうした変化に伴って，もちろん支援措置も大きく拡充されることとなっている。

主要なものをみてみると，「都市機能の集積促進」のためには，
① 暮らし・にぎわい再生事業（国土交通省）の創設
② まちづくり交付金（国土交通省）の拡充
③ 中心市街地内への事業用資産の買換特例の創設（所得税・法人税）

「街なか居住の推進」のためには，
(1) 中心市街地共同住宅供給事業の創設
(2) 街なか居住再生ファンドの拡充

「商業等の活性化」では，
① 中心市街地の空き店舗に大型小売店舗が出店する際の規制の緩和
② 戦略的中心市街地商業等活性化支援事業（経済産業省）の拡充
③ 商業活性化空き店舗活用事業に対する税制優遇措置等の拡充

を行っている。

2007年3月に最初に認定された青森市と富山市以降，2008年11月現在で67地区の基本計画が認定を受けている。

では，この改正中活法のもとでのまちづくり[3]はどのように変化するのか，何が必要で何が重要なのか，また新たな課題は何であるのかを本章では考えてみたい[4]。

2 改正中活法と基本計画

(1) 基本方針と基本計画の策定

旧中活法では基本計画は届出制であったため，全国で同じような計画が策定されていたが，認定制になった今回は中身を精査されるために「表紙を変える」だけでは，当然のことながら認定を受けることはできない。「やる気と本気」をしっかりと示さなければならない。本申請をしてから，認定を受けるまでに数ヶ月，本申請までは活性化本部とのやりとりが続くことになる[5]。

認定を受けようとする市町村は，2006年9月に閣議決定された「中心市街地の活性化を図るための基本的な方針」（以下，基本方針。2007年12月一部変更）に従って基本計画を作成しなければならない。

まず，活性化の基本的な方針の記載から始まり，中心市街地の位置および区域，計画期間となる。中心市街地の位置および区域については，旧基本計画を

策定している市町村ではそれを引き継ぐことになるが，実施しようとする事業の規模やその拡充・縮小によって，区域の見直しが図られることになる。計画期間は原則として5カ年である。

次に記載するのが，3つの要件である。この要件を全て満たすことで当該区域が中心市街地として位置づけられることになる。

第1の要件は，小売商業者と都市機能が相当程度集積しており，市町村の文化，経済等の中心となっていること。集積要件ともいわれる。第2の要件は，機能的な都市活動の確保または経済活力の維持に支障を生じ，または生じる恐れがあること。趨勢要件ともいわれる。第3の要件は，活性化の効果がその地域だけではなく，その市町村や周辺地域に及ぶこと。広域効果要件ともいわれる。集積要件も趨勢要件も具体的なデータを示す必要がある。

最後に，実施するさまざまな事業計画を書き込むことになるのだが，その前に達成すべき具体的な数値目標の設定をしなければならない。たとえば，商店街の活性化を重要な事業として計画しているなら，小売売上高をどれだけ増加させるとか，空き店舗率をどれだけ低下させるという数値を具体的に挙げることになる。また，その数値の根拠についても，データに基づいた数値であることを示す必要がある。

この「数値目標の設定」が，今回の改正のいわば「目玉」である。市町村からすれば中心市街地再生のために実施できる事業に「本気」で取り組まねばならないし，活性化事業への各種補助金を交付する国からすれば，数値目標の達成度合いによって事業の進展具合，つまり「やる気」を容易に把握することができ，交付の見直しや基本計画そのものの点検が可能になる。「やる気と本気」をみる格好の項目となっているのである。

（2） 改正中活法の意義

中心市街地の衰退は，特に地方都市では顕著であり，趨勢要件を示すことは極めて簡単である。ところが，大都市圏内の都市の場合は，たとえば地価の低落によって，中心市街地でのマンション建設が増大しており，人口に関してい

うと増大傾向にあったりする。あるいは，中心市街地への大型小売商業の進出によって，商店街の衰退は依然として続いているのに，当該地域での小売売上高を見ると，増大していたりする。こうなると，その中心市街地は衰退していないと判断されることになる[6]）。

しかし，5年という計画期間ではなくさらに長期でみるならば，高齢化や少子化の進展がマイナスの影響を与えることは必至であるから，早い段階で将来の衰退に歯止めをかけるための方策を講じる必要があるのは容易に理解できることである。

また，大都市圏内の都市の場合，中心市街地でのハード整備がすでに完了している都市が多く，都市福利施設の整備やまちなか居住の推進は困難である。都市間競争激化の中で，中心市街地機能の都市間で棲み分けも視野に入れた基本計画の作成がこれからは必要となるであろう。

いずれにせよ，今回の中心市街地活性化法は明らかに地方都市再生のための活性化法案であり，財政難で駅前再開発などのハード事業を実施できなかった地方都市の中心市街地の整備を後押しすることにはなっている。その意味では，経済的にも文化・社会的にも東京への一極集中が進み，都市間格差がますます大きくなってきている現在，地方にとっては意義のある政策であろう。ただし，地方都市の再生は中心市街地の活性化だけで解決する問題ではないので，地方分権の推進など地方政治のあり方や地方における経済・文化格差までを含んだ議論が必要である。その議論は本書の範囲をはるかに超えているが，いくつの端緒的な課題については，以下の章で触れることになろう。

3
まちづくりと活性化協議会

（1） まちづくりの方法と方向

改正中活法のもとでのまちづくりはどうなるのか。

基本的には，これからのまちづくりの方向や方法は前書『都市商業とまちづ

くり』(税務経理教会, 2005年) で考察したとおりで, とくに大きく変わることはないであろう。すなわち, 行政主導であろうと民間主導であろうと, 地元の利害関係者 (住民, 商業者, その他の民間事業者, 地主, 行政) の当事者意識の培養と再生のための共同意思決定が決定的に重要で, 事業の実施に際しては民間活力を積極的に利用すべしということである。

現代は市民活動のさまざまなグループやＮＰＯといった組織がまちづくりにも積極的に参画する時代であり, その意味では民間主導によるまちづくりが主流になりつつあるといえるが, その場合でも行政側の支えがないとまちづくりは進まない。また, 地方都市ではこれから駅前再開発といったハード事業を行うところもあり, さらには既存の再開発ビルの再々開発事業を行うところもあって, 民間再開発の場合でも行政の財政的な支えがなければ不可能であるから, 行政の役割は大きくなることはあっても, 小さくなることはない。

共同意思決定の方法はいろいろ考えられるが, これも前書で示したとおり, 地元関係者によるワークショップは依然有効な手段となっている。もちろん, すでに旧中活法で基本計画を策定しているところでは, 行政内の策定委員会等で事業決定をしてから, パブリック・コメントを実施するところもある。

(2) 中活協議会とは

今回の改正中活法では, 地元関係者が基本計画策定と事業の実施に大きな影響を持つように, 商工会または商工会議所等により組織化される「中心市街地活性化協議会」(以下, 中活協議会) なるものの設置が義務づけられており, 広く地元の意見を吸い上げてさまざまな意見を具申できる (しないといけない) ことになっている。基本計画の認定の際にもこの中活協議会の活動実績が問われ, 申請時には中活協議会の意見書を添付しなければならない。つまり, 形だけの協議会設置では許されないことになっているのである (なお, 改正中活法に基づく中活活性化協議会と区別するために, 中心市街地以外でも作られるまちづくりのための協議会は活性化協議会と呼ぶ)。

この中活協議会は先に述べたような「地元の共同意思決定機関」そのもので

第1章　中心市街地再生の新たな課題と方向

図表1－1

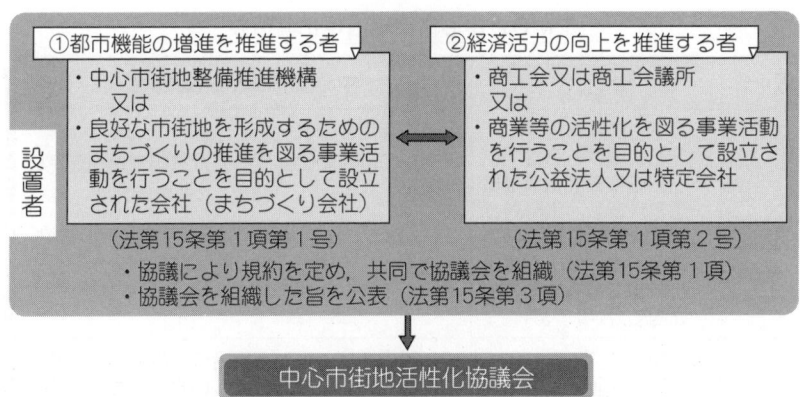

出所：中心市街地活性化協議会支援センターのホームページより。

はないし，また，基本計画に記された各種事業の実施主体ではないが，共同意思決定と事業実施の総合的な調整を行うという重要な役割を担うことになる。中活協議会設置の意図は，地元の多様な主体の参画による民間主導型のまちづくりを目指すものであるが，それは同時に各種補助金の受け皿にもなっている。すなわち，活性化協議会のメンバーは計画された活性化事業の実施者でもあるから，計画された事業実施の実効性を担保するための組織という位置づけなのである。したがって，この中活協議会は改正中活法によるまちづくりの要になる組織であるといえる。

あるいは，こういえよう。改正中活法に基づく基本計画を作成しない都市

図表1－2

ＴＭＯと中心市街地活性化協議会

区　分	認定構想推進事業者 （ＴＭＯ）	中心市街地活性化協議会
認定等	○市町村による認定 （下記に掲げる者が中小小売商業高度化事業構想を作成し，市町村が認定（ＮＰＯについては商工会，商工会議所と共同で申請する場合に限る））	○規約を定め公表 （下記①及び②に掲げる者が共同で規約を定め公表）
対象者	①　商工会 ②　商工会議所 ③　特定会社又は公益法人であって政令で定める要件に該当するもの（政令では地方公共団体による出資要件等を規定） ④　その地中小小売商業高度化事業の総合的な推進を図るのにふさわしい者として政令で定める者（政令でＮＰＯを規定）	①　都市機能の推進を総合的に推進するための調整を図るのにふさわしい者として次に掲げるもののうちいずれか一以上の者 　ⅰ　中心市街地整備推進機構 　ⅱ　良好な市街地を形成するためのまちづくりの推進を図る事業活動を行うことを目的として設立された会社であって政令で定める要件に該当するもの ②　経済活力の向上を総合的に推進するための調整を図るのにふさわしい者として次に掲げるもののうちいずれか一以上の者 　ⅰ　商工会又は商工会議所 　ⅱ　商業等の活性化を図る事業活動を行うことを目的として設立された公益法人又は特定会社であって政令で定める要件に該当するもの 　※　協議会に参加することができる者 　　1）中心市街地活性化事業を実施する民間事業者 　　2）中心市街地活性化事業に密接な関係を有する者（地権者等） 　　3）市町村
役　割	①　中小小売商業高度化事業構想の作成 ②　中小小売商業高度化事業計画の作成及び当該事業の実施	①　市町村が作成しようとする基本計画並びに認定基本計画及びその実施に関し必要な事項に係る協議及び当該市町村に対する意見の提出 ②　上記以外の中心市街地の活性化の総合的かつ一体的な推進に関し必要な事項に係る協議 ③　特定民間中心市街地活性化事業計画に係る協議

出所：中心市街地活性化協議会支援センターのホームページより。

であっても，これからのまちづくりにはこの活性化協議会の設置は，とくに各省庁から出されるさまざまな補助金を引き出そうとする場合には，必須ではないものの有利に働くことは間違いない。なぜなら，国や自治体による補助金行政は，地方分権がこれから進んだとしてもなくなることはないが，国・地方財政の改善が期待できない昨今の経済状況の中では，すべての補助金が「選択と集中」の対象になる可能性が大きいからである。また，政権の交代による政策の変化は当然あり得るが，補助金によるまちづくりの誘導がなくなるとは考えられないからである。

2008年11月現在で124都市・地域で中活協議会が設立されている。その内67地区が基本計画の認定を受けており，残りの都市・地域もいずれ認定申請を行うのだろう。基本計画の策定を行う予定なしで中活協議会を設置しているところはまだない[7]。

なお，TMOと中心市街地活性化協議会との比較については図表1-2を参照。

(3) 活性化協議会のこれから

本来まちづくりとは中心市街地だけのものではない。いろいろな地域でそれぞれの特徴を活かしたまちづくりが行われるのが当たり前だし，現に行われている。商店街をみても衰退しているのは中心市街地商業だけではない。中心市街地活性化法は旧も今回も中心市街地をひとつに限定させ，そこに投資を集中する方法を選択した。多くの地方都市ではそれが妥当な政策ではあるが，大都市圏ではそうはいかない。中心が複数ある都市は，この中活法では対処できないのである[8]。または，最初から基本計画の策定をあきらめるしかない。

都市の中に複数の中心地を抱えている場合は，もっというなら中心地であろうとなかろうと，それぞれの地域で活性化協議会を立ち上げ，その地域の課題に沿ったまちづくりの事業を展開することが求められるだろう。それは，補助金の受け皿作りということだけではなく，将来の官民一体のまちづくりの基礎を創るという意味でも大いに意義があるように思われる。

かつては「まちづくり協議会」が，民間主導のまちづくりに寄与してきたが[9]，まちづくり協議会は地元住民が中心の組織で，地元であるならばもちろん商店や事業所もそのメンバーになることはできるが，すべての利害関係者が網羅される組織ではないし，まちづくり事業を実施するための組織というよりは，地元の合意形成のための組織である[10]。「まちづくり提案」を行政に提出することはできるが，行政がその提案を実施するかどうかは分からない。つまり，まちづくり事業の実施を担保する組織ではないのである。

　活性化協議会はこのまちづくり協議会がいくつか集まって組織することも可能で，広い地域でのまちづくり事業ができることになる。肝心なのは，まちづくりという課題を抱えた地域で，補助金を利用した具体的な事業の実施までを視野に入れた合意形成と計画策定を行い，そこに民間の力を結集することである。

4
補助金とまちづくり

（1） 補助金とは何か

　すでに述べてきたように，現在のまちづくりには国の補助金が欠かせない。補助金とは，国が国以外の者（地方公共団体，公社や公庫等の政府関係機関，各種法人さらにはＮＰＯや技術組合などの団体，そして個人も含む）の行う事務や事業に対し，その助成あるいは財政上の援助を与えるため交付するものである[11]。

　補助金は，法律で定められた業務を実行する上で必要なものとして交付されるものと，国が策定した政策を実現するために事業を実施する上記の各種団体からの申請を受けて，査定を経て交付するものがある。改正中活法で使われる補助金は，後者の望ましい（と政府が考える）まちづくりを実現するための誘導的な補助金である。いわば，補助金を「呼び水」として使うわけである。市町村の支援だけではなく民間活力＝民間投資の呼び水であることはいうまでもない。

改正中活法で使える補助金の主要なものは国土交通省の「まちづくり交付金」「街路事業」「暮らし・にぎわい再生事業」や，経済産業省の「戦略的中心市街地商業等活性化支援事業補助金」などがある。その他，総務省，農林水産省，文部科学省の補助金もあるが，それらは国土交通省や経済産業省のメニューとは異なり，中心市街地活性化用の特別予算というよりは一般的に計上している予算を利用する方法になっており，基本的には自治体の事業への支援となっているため民間主導で事業を行うことは難しくなっている。その意味では，改正中活法は国交省と経産省が主導的立場にあることが改めて分かる。

ところで，補助金は国が出すだけではない。府県や市町村は国の補助金申請の窓口という役割を担いながら，中心市街地だけではなく地域の活性化のために独自の予算を組んでいる。国との役割分担をしながら，まちづくりのための具体的な支援メニューを整備・拡充することがそれぞれの自治体の責務となっているが，財政縮小の余波がまちづくり関連予算の削減になりつつあるのが実情である。

（2） 補助金とまちづくり

補助金に頼らない，あるいは補助金が交付されない事業を推進しようとすると，当然自主財源を用意しなければならない。財政支出削減のために既存の補助金さえ縮小しようとしているような財政難の自治体が多い昨今，自主財源のみで事業を興すことはきわめて困難である。補助金に頼らざるを得ない構造になっている。言い換えると，いかに補助金をうまく使うのかがこれからもまちづくりに欠かせない戦略となる。そして，それを官民一体で行うことが不可欠なのである。

もちろん，補助金は国が一方的に財政拠出しているわけではない[12]。この点，よく誤解されているのだが，補助率100％という実験事業的な交付事業もないとはいえないが，ほとんどの補助金事業は補助率が2分の1や3分の1になっており，残りは当然地元が負担しなければならない。したがって，財政的にやれる事業，あるいはやらねばならない事業で，官民の共同意思決定に基づく取

捨選択が必要になってくる。改正中活法による「選択と集中」の地域版といえよう。

　さらに，補助金は基本的には期間限定でしか交付されない。多くは単年度の交付で，継続される場合も，新たに申請して審査を受け，年々補助率が減少してくるのが通例である。継続できる期間は概ね3年である。ということは，やはり事業の継続をするためには地元負担でできるように自主財源が必要となってくるのである。

　この点は補助金の限界ではあるが，事業の立ち上げ時の財政的な支援が補助金の趣旨であることを考えると，ここでも継続可能な事業の選択ということが地元の大きな課題となる。自主財源と補助金をいかにうまく組み合わせるかが問われているということである。

（3）　補助金の有効活用へ

　いずれにせよ，

① 　全額交付ではない
② 　期間の限定
③ 　毎年の申請と認定
④ 　全ての事業に付いていない

という補助金の性格を正しく理解し，あくまでも「誘導的」な財政支援であることを肝に銘じながら，それでも補助金を有効に活用することがこれからのまちづくりには欠かせない。政権が変わっても，地方分権が進んでも，当分の間はこの補助金行政の枠組みには変化がないであろうから，補助金の有効利用を目指したまちづくりの組織化と実行可能な事業計画づくりが必要不可欠なのである。

　その際に，補助金メニューの詳細を把握し，どの事業にどの補助金が使えるのかを的確にかつ迅速に理解しておくことが肝腎である。とくに各省庁の補助金メニューは頻繁に見直しと変更があり，中身は同じでもタイトルが変わっていたり，全く新しいメニューができていたり，気がつくと申請期間がとっくに

過ぎていたりすることがある。したがって，補助金に対して常に「アンテナを張っておく」ことが有効活用の鍵となる。

　問題はその役割を誰が担うのかということである。市町村の担当部局がその任を負うことが一般的だが，定期的な人事異動は仕事への「熱意」や「責任」を問えない組織にし，また，国も地方も縦割り行政の中で横断的な補助金の活用を調整することは難しい。

　商業関連ならば，現場に一番近い商工会や商工会議所が適役だと思われるが，残念ながら専門のスタッフを用意できる余裕はない。旧中活法ではTMOがその役割を期待されていたが，ここでも専門のスタッフを用意できたところはほとんどなかった。

　残るのは設立された地元の活性化協議会が，商工会・商工会議所と協力しながら，民間のまちづくりコンサルタントやまちづくりNPOなどと連携していくしかない。官民一体とは具体的にこういう関係を指している。行政への過剰な期待はできないが，せめて担当部局の担当者という「人的」な力ではなく「組織」としての力を発揮できるような仕組みづくりには努力をしてもらいたいものである。

5 おわりに－新たなまちづくりを目指して－

　では，補助金がなければまちづくりはできないのか，というとそうではない。補助金に頼らないまちづくり，つまり自前で活性化の財源を用意することは可能であるし，すでにいくつかの試みも現実に行われている。たとえば，第6章でとりあげるBID制度によるまちづくり，あるいは，地域ファンドによるまちづくりなど，選択肢はいくつかある。

　BID（Business Improvement District，ビジネス改善地区）制度とは，当該地域内の不動産所有者から負担金として一定額を徴収し，その資金を直接地域の活性化に活用する制度のことで，米国で使われているまちづくり手法のひとつで

ある。旧中活法のTMO制度の見本となったものである。

地域ファンドには，地域の事業再生ファンドと1992年に設立された「世田谷まちづくりセンター」の「公益信託・世田谷まちづくりファンド」(1993年から事業開始) に代表されるようなまちづくりファンドがある。わが国では，このまちづくりファンドはまだまだ少ないものの，海外ではコミュニティ財団やソーシャルエンタープライズに併設されたファンドが多数ある。

世田谷まちづくりファンドの仕組みは以下のようになっている。

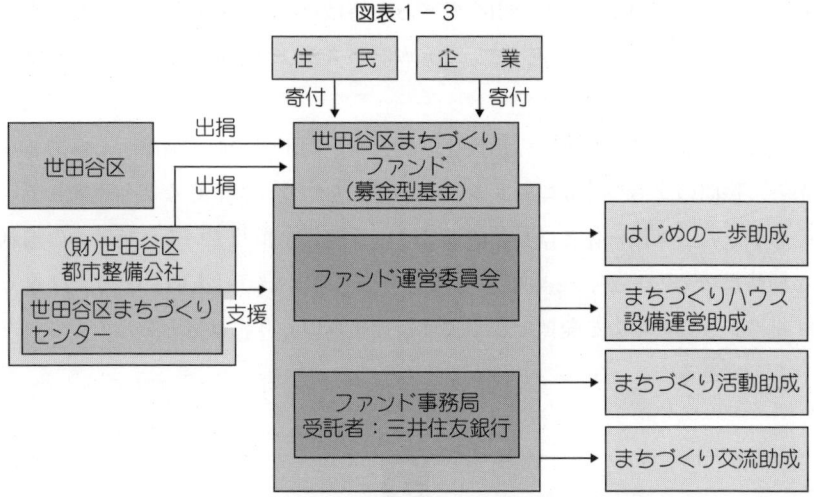

図表1－3

出所：世田谷まちづくりセンターのホームページより。

その精神は，地域のことは地域で解決しようということである。

こうした自主財源をどのように構築するのかはこれからも重要な課題となるが，それとともにさまざまな市民グループやNPOといった多様なまちづくりの担い手が登場してきている今日では，補助金や自主財源の使い手となる「まちづくり主体」の考察も欠かせない。本章では中活協議会とそれ以外の活性化協議会については触れているが，第10章では「構想→手法→主体」という視点からより詳しい分析がされている。

ところで，コンパクト・シティの実現には，富山市のLRTという大がかり

な実験からコミュニティバスの運行というレベルまでその規模と範囲はさまざまであるが，交通問題の解決が不可欠である。この「交通まちづくり」の現状と課題については第3章で詳しく取り上げている。

また，衰退の止まらない従来型の商店街に代わって，あり得べき中心市街地商業の将来の方向としてどのようなものが構想されるのかについては，アメリカの先進事例である「ライフスタイルセンター」の分析を通じて第5章で考察されている。

以上，これからのタウン・マネジメントのあり方，まちづくり主体の問題，交通まちづくりの課題，中心市街地商業の将来というこれからのまちづくりに欠かせない問題を本書では新たに論じている。

もちろん，前書で考察した諸問題についてもさらにアップデートされて論じられている。「シティ・アイデンティティとシティ・プライド」は，近年各地で行われている「地域ブランド」の構築と関わらせて（第2章），商業ビルの再々開発については最新の事例から具体的に（第4章），都市での商店経営については「商業集積の個店力」という視点からの考察が（第7章），観光については地域資源を活かした観光まちづくりの方向性が示され（第8章），ＩＴを利用したネットワークづくりについては商店街から範囲を広げてまちづくりのためのＩＴ武装＝ＩＣＴ活用の重要性が説かれている（第9章）。いずれもこれからの新たなまちづくりの方向を探ることを目指している。

まちづくりは難しい。なぜなら，それは机上の議論ではなく常に実践を伴うからである。本書は「机上」から「実践」への架け橋である。

注

1) もちろん，さまざまな地域の資源を活かしながらユニークな事業を展開し，まちづくりに積極的な貢献をしてきたTMOも少なからずあった。たとえば，「メイド・イン・アマガザキ」事業や5大学との産学連携の協同研究を行った尼崎市の「TMOあまがさき」や観光情報を積極的に発信している京都市伏見区の「伏見夢工房」など。詳細はそれぞれのホームページを参照。改正中活法のもとでは，TMOは中心市街地中活協議会のメンバーとして事業を継続することになる。TMOと中心市街地協議会の比較は図表1-3を参照。

2）　したがって，認定を受けるまでにも多大な時間と労力がかかるが，認定を受けてからが本番で事業実施のための苦労が始まるのである。ある認定都市のヒアリングで，基本計画のひとつの事業である商店街のアーケード改修が国と県の補助で4分の1の拠出だけで済むにもかかわらず，商店街にその金額を出せるだけの力が残ってないのでこれからが大変である，という市役所の担当者からの話が印象的であった。
3）　まちづくりとは「地域の活力や活気を高めるための諸施策，いいかえれば社会的・文化的要素を含めた地域社会（コミュニティ）のあり方に関する総合的な構想ないし計画，およびそれらの実現に向けた市民・住民参加型，あるいは市民・住民主体型の運動や活動」である。渡辺達郎『流通政策入門』中央経済社，2003年，39頁。
4）　改めて，改正中活法のポイントを列挙しておこう。以下は，新たに付け加えられたものである。
　①　都市機能の集積の促進（都市福利施設の整備・拡充）
　②　まちなか居住の推進
　③　中心市街地活性化協議会の設置
　④　数値目標の設定
　　『基本方針』には「多くの人が暮らしやすく，多様な都市機能が集積した，歩いて暮らせる生活空間」と「地域住民，事業者等の活動が活発に行われることにより，活力ある地域経済社会」を確立することが目標と書かれている。『基本方針』については次節を参照。
5）　その期間は市町村によって異なるものの，基本計画の策定が終わった後に一度本部への「お伺い」から始まって，本部による精査と意見交換が続くことになる。筆者が策定委員会の委員長を務めた兵庫県伊丹市の場合は，2006年9月の新基本計画策定委員会の立ち上げから，2007年2月の中活協議会の設立を経て，認定されたのは2008年の7月であった。本申請から認定を受けるまでは一月ほどであったが，本申請に至るまでに相当な期間がかかっている。とりわけ，時間がかかったのは数値目標の設定についてであった。最終的な数値目標は，「歩行者・自転車通行量」，「文化施設利用者数」，そして「まちづくりサポーター制度登録数」となった。
6）　例えば，上述の伊丹市の場合は，中心市街地であるJR伊丹駅前に大型ショッピング・センターの「ダイアモンド・シティ・テラス」（現イオン・モール伊丹）が2002年にできたおかげで，その区域を中心市街地に取り込むのか，また，取り込んだ場合はどのように共存していくのかが大きな課題であった。さらに，中心市街地だけを見ると人口は増えていたので，衰退要件をめぐって本申請前の国との事前のやりとりにおいて随分と時間がかかっている。
7）　大阪府吹田市は将来の中心市街地活性化協議会の設置を視野に入れて「JR吹田駅周辺にぎわいまちづくり活性化協議会」を立ち上げている（2008年3月）。吹田市の場合は人口35万人余りの住宅都市ではあるが，性格の異なる複数の中心地があるために，改正中活法に基づく基本計画の策定は難しいのではあるが。
8）　確かに基本方針では，合併市や政令指定都市など地域の実情により中心市街地

第1章 中心市街地再生の新たな課題と方向

が複数なることもあり得るとなっているが，複数の中心市街地で基本計画が策定されたのは今のところ北九州市だけである。神戸市の場合は「新長田地区」の基本計画が認定されているが，この場合も新長田地区が中心市街地であるかどうかで国との間で随分と議論があり，とくに広域効果要件で疑問ありとされた。
9) 1995年に起きた阪神・淡路大震災の後，被災地の各地でまちづくり協議会が設立され，震災からの復興まちづくりに多大な貢献をしたことは記憶に新しい。
10) たとえば，神戸市では1981年（昭和56年）に制定された「神戸市地区計画及びまちづくり協定等に関する条例」，いわゆる「まちづくり条例」によってまちづくり協議会の役割や組織について定められている。そこでは，
① 地区の住民等の大多数により設置されていると認められるもの
② その構成員が，住民等，まちづくりについて学識経験を有する者その他これらに準ずる者であるもの
③ その活動が，地区の住民等の大多数の支持を得ていると認められるもの
をまちづくり協議会としている。
11) 詳細な定義は「補助金等に係る予算の執行の適正化に関する法律」と「補助金等に係る予算の執行の適正化に関する法律施行令」を参照。法令上は補助金以外に「負担金，利子補給金，その他相当の反対給付を受けない給付金であって政令で定めるもの」を総称して「補助金等」として扱っている。本書でいう「補助金」もこの「補助金等」のことである。
12) もちろん，政府の政策目的に合致している限りでは，成果は問われるけれども，具体的な対価を求められるわけではないので，国からの一方的な交付であって，補助金を受ける側からは一方的な受益とはなっている。

（三谷　真）

地域ブランドとシビック・プライド
－地域ブランドの成功要因を探る－

1
はじめに－地域ブランド[1]が注目される背景－

　構造的な経済不況と行財政改革に伴う負の効用により生じている地域経済の衰退に歯止めをかけ，地域の再生を図ることは，わが国の喫緊な重要課題の一つである。

　つまり，地域経済は中央主導の財政政策に依存してきた経済体質から，地域を支える中小企業経営などの活性化を通して経済的に自立することが迫られている。この体質転換を推進させる政策の一環として，地域ブランド戦略が中小企業庁，日本商工会議所などを中心として全国的に推進され，2006年には商標法の改正による『地域団体商標制度』[2]が導入された。

　これを契機として多数の地方自治体（地域団体商標としての出願件数は2008年6月11日時点（http://www.tiiki-brand.jp/brand/index.html）で815件）が，地域への経済活性化効果を期待して積極的に地域のブランド化に取り組んでいる。

　地方自治体がそれぞれの地域資源を活かしてブランド化に取り組むことは，地域経済を活性化させる一つのインセンティブとなると同時に，地域コミュニ

ティの紐帯を強化するアイデンティティを表象（それぞれの地域が目指す理想像）するものとなり，地域全体が活性化へ向けて協働する連帯感を強化していくことにも寄与するものと考えられる。

つまり，地域のブランド化は，地域経済を活性化させる長期的戦略課題であると同時に，そのプロセスにおいて，地域の喫緊の課題解決へ住民意識を凝集するための表象として機能し，地域住民の誇り（シビック・プライド）を強化する働きがある。

地域を活性化させる地域特性を長期間にわたり活かし，その地域のブランド効果が地域経済の活性化に寄与している事例として，世界的な都市ブランド（パリはロマンス，ミラノはスタイル，ニューヨークはエネルギー，ワシントンは権力，東京は現代的，バルセロナは文化，リオはカーニバル）の例は注目に値しよう。それぞれの都市の成立の歴史（政治経済文化の中心，人々が上京していく都。最初は政治都市からスタートするが，文化都市として残っていって，それが街としてのバリューになっていく。そこでは，かならず，衣食住と遊の文化がすべてセットになっている。それが世界のトップにあるラグジュアリー・ブランドに共通する）[3]に都市ブランドの源泉があるといわれる。

つまり，都市空間が変遷するプロセスで創造されてきた歴史的で象徴的な事象を多くの来訪者が体感しその印象が心に刻まれ，そのイメージが口コミを通して広まると同時に，マス・メディアが伝えるデフォルメされた都市の光景がその都市のイメージを強化しきたものといえる。これらの相互作用が都市全体のイメージとして多くの人々の印象に残り，さらに，それがより多くの人々に流布され，地域外へイメージが浸透した。好ましいイメージの浸透は，より多くの来街者を誘引し地域内にもそのイメージが還流され居住する人々がそのことを認知するようになる。その結果，都市の居住者がそのイメージに誇り（シビック・プライド）を感じ，イメージに沿う行為現象を表すことで，さらにそのイメージが強化され長期的にその都市のイメージがブランド化して継承されてきたものと考えられる。

これらの都市は，長期間にわたり歴史的背景により構築された都市の特性が

第2章 地域ブランドとシビック・プライド

外部からの好評価を得て，それが都市居住者に浸透し，都市ブランド力を発揮させる基底を構築してきたことを実証しており，外部からの高い評価（憧れや魅力）と地域住民の誇り（シビック・プライド）が地域のブランド化には，不可欠な要素であることを示唆している。

世界的な都市ブランドは，その地域の資産価値を高め，その地域に関わるものすべての事象に価値を付与し他地域よりも多くの経済的利得を生じさせている。

このような都市のブランド力（ブランド資産）がもたらす経済的効果を地方自治体も期待し，地域のブランド化を促進する取り組みが進められている。地域の個性と資源を活かしたブランド化が，地域の好イメージを発信し多くの来訪者が訪れ，新たな地域経済の活性化を試みることこそが地域ブランド化の狙いである。

2 地域ブランドの必要性

コトラー(Philip Kotler)，ハイダー(Donald H. Haider)，レイン(Irving Rein)(1993)らは「Marketing Places」[4]の中で，疲弊する地方都市が再生する一つの方向として，その地域自体が経済利得を生む「場」へと変貌を遂げる必要性を説き，マーケティング手法を導入した地域自治体活性化の方途を描き，地域のブランド化の重要性を示唆してきた。

新たな地域ブランド化への取り組みは，歴史的に形成された過去の都市ブランドとは異なり，自らの地域の活性化や地域のアイデンティティを意識するブランド創造であり，地域の経済的豊かさの実現だけではなく地域に関わるステークホルダー間の紐帯意識を高め，強固な地域自治確立の一助となることを目指すもので地域を核にするマーケティング手法が具体的に導入されることを意味している。

とくに地域ブランド化に短期的な経済利得が期待されている場合，標的市場

となる外部からの高評価を短期間に得ることが不可欠であり，地域特性や個性が乏しく知名度の低い地域にとっては容易なことではないという点では厳しい現実が横たわっている。

　厳しい現実に直面しながらも地方自治体が新たな地域の力を創造する必要に迫られている背景には，行財政改革に伴う地方交付税の見直しによる公共事業費の削減などから生じる地方財源の縮小や都市部への産業集中化による地域経済の疲弊などが挙げられる。各都道府県の郡部には限界集落が拡散し，地方が疲弊の一途を辿っている。このような地域の再生や再興は，急務で不可欠な政治課題でもある。

　これらの課題に対応をする地域経済の活性化を目指す全国的な政策展開の一つに都市の中心市街地再生（2003年に小泉首相の肝いりでスタートした都市再生本部を中心とする民間活力の導入による大都市の再生を目指す政策が，地方都市の再生も対象とされるようになる）を目指す「改正中心市街地活性化法」に基づくまちづくりが進められ現在67地区（2008年11月）で進められている。

　しかし，この政策は従来型の中央財源への依存体質を政府からの巨額な融資で継続させ，自立する活力を失わせる可能性も秘めている。複合的な地域活性化政策の中で，今後成長する地域に変貌するために必要な要因は何かについての検討を進めることで新たな自立型の地域活性化プロセスの提示を試みることが必要であり，この過程が継続的に展開される仕組みづくりの一環に地域のブランド化が位置づけされていることが肝要であろう。

　各地域では，企業のコーポレートブランド戦略を学びそれをベースとして，それぞれの地域特性に応じたブランド創造・ブランド浸透・ブランド管理・ブランド拡張の手法を駆使した地域活性化策が検討されるべきであろう。

第2章　地域ブランドとシビック・プライド

3
企業のブランド戦略から学ぶべきポイント

（1）　企業のブランド戦略の変遷

　企業におけるブランド戦略は，周期的に着目されるテーマであり近代企業の創成期（19世紀の終りから20世紀初頭）にはＰ＆Ｇ社が開発した水に浮くアイボリー石鹸やFord社のＴ型フォードなどが注目された。製品差別化戦略の一環としてブランド化が推進され，革新的な製品は，単独で企業イメージを形成するブランド力を誇ってきた。

　Ｐ＆Ｇ社では，石鹸槽係の攪拌機のスイッチの切り忘れから，石鹸に0.56％の不純物（空気）が含まれそのために水に浮く石鹸ができあがったにも関わらず，その石鹸にアイボリー石鹸と銘々し，不純物への逆転の発想から「99.44％の純度を誇る水に浮くアイボリー石鹸（当時は，石鹸水の汚れの中に沈み石鹸を見失うことが多かった）」とのスローガンを掲げるとともに新聞広告を行うことで飛躍的な成長製品を育てあげた。

　また，Ford社では，低価格（技術革新：フォーディズム）のＴ型フォードを提供することで人種や社会的地位に関わらず誰もが自由に道路を走り回れる権利を提供する（自由を獲得できる）民主主義の申し子のような製品としてＴ型フォードを位置づけ，自動車市場の５割近いマーケットシェアの獲得に成功している。

　多くの顧客層に受容され指名購入されるブランド力を構築してきた製品は，技術的な優位性と同時にマーケティング・コミュニケーション戦略においても印象的なスローガンを掲げ，適切なコミュニケーション・ツールの選択を行ってきたことが理解される。

　製品ブランド戦略の成功の背景には，効果的なマーケティング・コミュニケーション活動の実績が認められ，比較的伝達が容易な革新性の高い製品価値であれ，それをさらに強化する重層的なコミュニケーション（例えば，Ford社

は，低価格と民主主義の先駆者のイメージを訴求）の仕組みが築かれてきた。

また，近年では1991年にデビット・アーカー（カリフォルニア大学）により提唱（著書Managing Brand Equity：「ブランド・エクイティ戦略」）されたM＆A（合併・買収）における企業ブランド・エクイティ（ブランド資産）の評価概念（パワーブランドには，製品販売において同一の他社製品よりも余剰利益がもたらすため目に見えない資産価値がある）を契機として，マーケティング領域での研究が多数輩出され企業のブランド戦略（創造・浸透・管理・拡張）が企業の経営戦略の中核テーマとしてここ数年取り上げられてきた。

日本でも，新たなブランド戦略のＫＦＳ (Key Factors For Success) として，片平 (2006) が提唱するAIDEES (Attention, Interest, Desire, Experience, Enthusiasm, Share：アイデス) 理論なども注目されている。この理論では，ブランド使用体験から生まれる熱烈な愛着心を共有する人々のつながりの大切さが指摘されている。

（2） コーポレートブランドとインターナル・マーケティング

多面的な要素の純合化を図るコーポレート・ブランド（企業ブランド）の構築では，製品ブランドよりもその伝達すべき価値の抽象度は高まり，より適切なマーケティング・コミュニケーション戦略（伝達すべき明確なコンセプトの構築，魅力的なコンテンツの作成，効果的なメディア・ミックスの構成など）の展開が重要となる。このコーポレート・ブランド戦略には，顧客に対する良好な企業イメージを伝達するエクスターナル・マーケティングの要素と同時に従業員のモラールを高揚させる（ＣＩ戦略と同様に）インターナル・マーケティングの要素も包摂される。インターナル・マーケティングの成果は，主にサービス産業界で認められ，企業イメージの向上とともに従業員に企業の価値観が共有され，モラールの高揚が図られる。たとえば，決して高収入ではないが，ノードストローム（アメリカ小売業のサービス・ナンバーワン），スターバックス，ディズニーランドやリッツ・カールトンホテルなどで働くことへの誇りや満足感などは企業のブランド・イメージと従業員のアイデンティティが融合して生まれ，その

結果が，顧客満足度の高いサービスの展開を実現し，高いリピート率を獲得している。

　地域のブランド化においても，地域外への積極的な情報発信と同時に地域内の人々のアイデンティティとして地域ブランドが浸透し地域ブランドのために協働することへの喜びや誇りを感じられるような諸活動との関係性の構築が重要となる。

（3）　ブランド育成へのＩＣＴ活用

　地域のブランド化においても地域内外における情報交流の重要性は認識されているが，地域が高額な支出をマス・メディアに向けることは困難であり，地域内外のコミュニケーションの活性化を重視した安価なコミュニケーション・ツールとしてインターネットによるＳＮＳ（ソーシャル・ネットワーキング・サービス）機能を活用する自治体も見受けられる。

　低コストで効果性が見込めるインターネットは，企業における大きな戦力としてその活用の幅を広げ情報交流の手段としてばかりではなく，実用的な販売チャネルを提供する機会としても認識され，新たなネット上におけるブランド創造，浸透，管理，拡張のあり方などへの関心も高まりつつある。

　地域のブランド化においても，地域間での競争優位が競われることとなり，他の地域よりも優位に地域ブランドを展開するためのインターネットの効果的な活用を検討することも望まれよう。

（4）　ブランド効果への期待

　ブランド戦略を先導する産業界の動向が，閉塞感の打破を目指す国家レベルの戦略としてのJapan Brandの旗揚げ(2004)を後押し，それに迎合する形で地域のブランド化戦略の展開が積極的に推し進められている事情も伺える。

　しかし，その背景を踏まえても，より効果的な地域ブランド化を推進するために，企業のブランド戦略を学び適用していくことが必要である。

　製品や企業のブランドは人間の記憶に良いイメージとともに組み込まれ，想

起されやすく，購入機会（高価格での購買）につながり企業の資産価値を高める働きをする。この結果，多くの人々に高い価値を認められている製品や企業は，ブランドという差別化記号を活用することにより特定製品群の記憶促進とその想起の容易化を図り，記号を通したコミュニケーションが成立するようになる。

このようになると，製品や企業の実態とは別次元でブランド自体への付加価値が生まれブランド・イメージを核とするコミュニケーション空間（インターネット上におけるブランド・コミュニティ）なども生まれ，消費者個人への行動（ブランド・ロイヤルティの強化）に影響を与えるパワーを有する。

つまり，魅力的なブランド力を醸成した地域（地域名称自体へ高い評価が確立）の経済は活性化し，地域に経済的豊かさをもたらすことが期待されるのである。

（5） 地域ブランドへの適用

地域ブランドが魅力的なものとなるために，企業ブランド戦略の成功要因から学ぶべきこと，それは標的市場に対して設定したブランド・コンセプトが明確であることを前提条件として，①ブランドが冠される製品やサービスの品質には，他地域との差別化が認められること，②ブランド表現には，記憶されやすく，想起しやすい仕掛け（マークやロゴなどの）が工夫されていること，③ブランドへの熱心なファン層が地域内外に存在することなどである。

具体的な展開としてその事業の革新的な領域を良好に印象づける明確なコンセプトの形成（標的顧客層の絞り込み，顧客層の知覚マップに基づくブランド・ポジショニングの設定），その内容を抽象的なイメージで伝達するための際立ったマークやロゴなどの開発，象徴的な地域の顔であるトップによるセールス，地域ブランド品の流通経路の確保（駅構内，高速道路サービスエリア，空港など有料施設内販路）などのマーケティング活動が実施されることである。さらに，企業のインターナル・マーケティングの観点から，ブランド創造と浸透が地域住民との協働で展開されることによる地域コミュニュティ機能の再生などは，企業のブランド戦略から学ぶ経済的なメリットと同時に地域住民同士の協働環境が築かれる仕組みの大切さを再認させる。地域内に浸透しない地域ブランドの生

き残りは不可能である。さまざまな地域の特性を踏まえた活性化策を模索し，地域内外への積極的な情報発信（外部から高い評価を短期間で得られる簡易な仕組みづくりの探索）と多様な他地域との交流促進による販路確保，地域内の紐帯意識の向上などを目指す本質的な地域ブランドに関する議論を深め，この枠組みによる地域経済活性化への成果の実現を目指す試みが極めて肝要であると思われる。

4 地域ブランドへの取り組み姿勢

（１） 地域ブランド創造への事前準備

　地域のブランド化による地域の自立と経済の活性化を実現していくためには，まず始めに過去から現在に至るまでの地域経済の経緯を時系列分析などを通してその推移の実態（人口動態，事業所数変化，年間商品販売額など地域の経済活動結果を示す指標の活用）を把握すると同時に，他の地域との比較分析による相対的なポジションを見極める必要がある。地域の現状を把握し相対的ポジショニングから，今後の目指すべき方向と目標を定めることが重要となる（近隣地域との連携によりシナジー効果を高め，広域的な経済活性化を目指すこと，または近隣地域との明確な差別化を推進しオンリーワンの地域を目指した活性化を図るべきなどを決定することなど）。

　今後の地域活性化の目標と現状との乖離から，導出されるものが解決すべき課題であり課題解決のための行動指針を策定し実施していく主体は，従来の考え方では地方自治体を中心とする行政の役割である。しかし，とくに地域のブランド化については，今後その地域のステークホルダー（関与者）であるすべての人々が，地域の経済活性化に向けての活動に主体的に参画できる仕組みを構築し，その活動の成果が地域に還元される循環型の活性化システムが定着していくことが期待されている。そのための第一ステップとして，地域のステークホルダーの地域への強い思い（地域への愛着と定住志向とシビック・プライド）を

涵養する仕組み5)とその対象が必要となる。

　これを実現するためには，まずはじめに地域に混在する3つのタイプの生活者（第一のタイプは，その地域に生まれ育ち受け継ぐ土地や家屋を継承する地元住民。第二のタイプは，自分の代で新たに住居を構えこの地に住む住民。第三のタイプは，ビジネスや勉学のため短期的に訪れて生活する人々）が共有できる価値観（アイデンティティ）をイメージ化することである（地元密着型のプロスポーツチームなどが良例である）。

　タイプの異なる（地域への思い入れの温度差）人々が共有できる価値観を地域内外からイメージ化させる努力をするとともに，地域の活性化に関して同じ方向を向き合う集団へと変貌させる異住民間の交流促進が事前準備として必要となる。

5
地域ブランド構築のプロセスと成功要因

（1）　地域ブランドのスタート・アップ組織

　Little (1975) は，企業のブランド戦略を成功裏に導くためには，ブランド戦略のアプローチによる潜在的ベネフィットを理解する上司，論理的な発想になじんだマネジャー，企業経営のトップの「3つの傘」が不可欠であると指摘している。

　これを地域のブランド戦略に適用して考えると地域ブランド化の企画や予算計上，組織編成を牽引する行政の担当者（上司），組織運営の中心となるファシリテーター（ブランド・マネジャー），企画や予算の承認機関である議会や市長（企業のトップ）が三位一体で，取り組むことが成功への基本といえる（民間主導型の滋賀の黒壁，京都の伏見，神戸の長田，兵庫の尼崎などのように傑出した人物がいる場合は例外として）。

　本来，地方自治体や議会は，行政区域内に居住する人々の公益の最大化を図ることを責務とし，公平で公正な事業を展開することが求められる。地域ブラ

第2章　地域ブランドとシビック・プライド

ンドの創造は，地域の付加価値向上に寄与する働きを目的としており，同一行政区間内に不利益が生じることは考えにくく，多くの人々の付託を得やすい事業であり，他の事業との関連や優先順位によりその活動規模や範囲が限定されることになる。

　地域のブランド化を志向する場合，ブランド化を図ることに関連付けて解消される喫緊な課題が含まれていることが必要である。地域のブランド化は長期的に実践されていく活動であるため，理想的な姿を描きその目標に向かって継続的に努力を重ねていくことが重要となる。

　つまり，ブランド化のプロセスが強力な推進力を伴って継続されるためには，それぞれの地域特有の喫緊な課題解決が志向されていることが必要であり，喫緊な課題解決が含まれない場合は，ブランド化の活動への地域の人々の意識は希薄化し次第に熱心な協働への参画を得ることは難しくその効果を得ることは困難となる。

　喫緊の課題解決とブランド化を融合することが地域住民へのブランド浸透に繋がりブランドを継承する地域ブランドの特性でもある（たとえば，独居高齢者の生活状況に目配せをするボランティア事業の名称に，その地域ブランド名やロゴを使用することにより連携を図るなど）。

　地域ブランドの創成期には，自治体職員，地域への愛着者や地域の思いを具体的に表現することができる芸術家，資金提供が可能な民間事業者，地域の歴史研究家など小規模で限られた人々，支援する議員などが携わる形の組織でスタートし，事業の骨格を練り上げる必要がある。

　この組織の推進役（ファシリテーター）には，まちづくりに熱心なちょっと地元で有名な元気印の人に担ってもらうこと，これには行政が三顧の礼をもってしても迎えいれるべき人物であり必ずまちに一人は存在するので，多少苦労してでも探すことが必要である。ファシリテーターを中心に形づくられる地域ブランド像の浸透と育成のための次の課題として住民との協力体制の構築が必要となる。この体制は，大きく2つのタイプに分類される。従来型の組織（図表2－1参照）として自治体が中心に推進し，計画的にブランドの浸透を図るこ

図表2-1　従来型の市民参画型（連ピンシステム）地域ブランド戦略

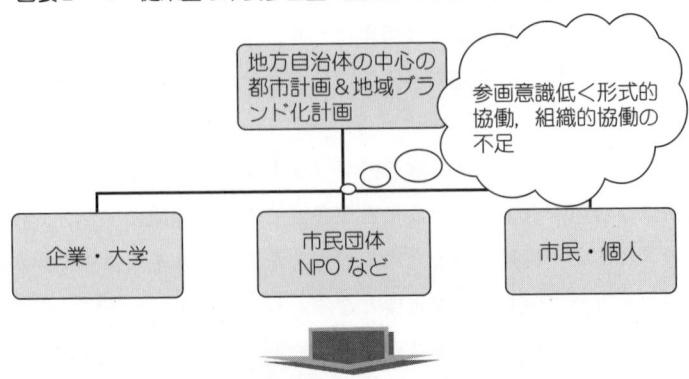

- 地方自治体の中心の都市計画＆地域ブランド化計画
- 企業・大学
- 市民団体 NPOなど
- 市民・個人

参画意識低く形式的協働，組織的協働の不足

図表2-2　新たな行政と市民の協働型地域ブランド戦略

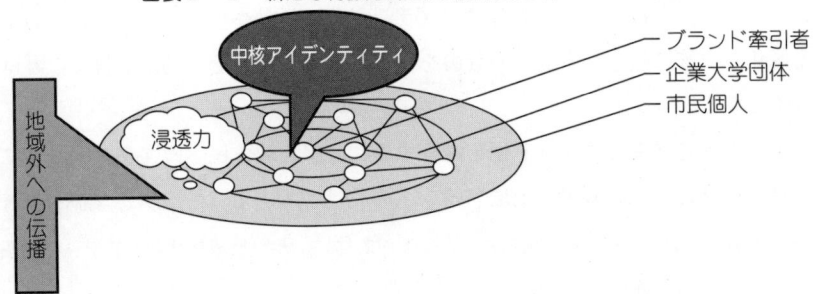

- 中核アイデンティティ
- 浸透力
- ブランド牽引者
- 企業大学団体
- 市民個人
- 地域外への伝播

＊　上記のようなコミュニケーションを促進させるSNSなどの積極的な活用も必要。

とを目的に行政主導のもとにパブリックコメントという名の意見聴取を行いそのブランドの浸透を促し，地域ブランド協議会などへの市民参加[1]の形態を整えようとするものである。この手法では，時には，ワン・コミュニケーションのような状態となり多くの市民の賛同はおろかブランド創造事業自体への疑問が提示され，強硬な市民からは反対運動さえ生じかねない（奈良のキャラクター「せんとくん」が好例であろう）。

　他方，ブランド創造段階からコミュニティの代表者が参加し，協働して地域ブランドを育てようとするフラットな組織（図表2-2参照）をイメージするアプローチである。

　この場合には，参加者間にブランド化に対する温度差が生じ，全体の動きが

停滞したり緩慢になったりする危険性はある。しかし，それを回避するための二重構造の組織（企画立案組織と承認組織）を立ち上げ，企画立案組織がエンジンとして全体を方向づけ，推進する力を有する必要がある。ただし，この組織には，当然ブランド化に熱心な市民が含まれていることが不可欠である。この組織へ参加する人々のうち何人かが，承認組織に組み込まれていて迅速な活動展開への承認を取り付け，ブランド化事業への参画者は常に一体で活動している印象を多くの市民に理解させることが重要である。このシステムが軌道にのり，地域ブランドが地域内の人々に浸透していくことが，最初のステップである。どのタイプの地域ブランド力の育成プロセスであれ，目指すべき目的は，地域経済の活性化であり，地域内でのブランド活用の促進と地域外からの経済的利得の確保を可能にするための情報交流が極めて重要である。それらが，上手く機能し地域ブランド化が成功するためには，さらに3つの要因（地域内外への情報発信力，市民力（シビック・プライドの醸成）の巻き込み，フラットな組織運営）が不可欠である。

（2） 地域ブランドの浸透とブランド拡張

　地域ブランド創造の段階までは，各地域のブランド化戦略はスムーズな展開を見せているが，創造されたブランドをさらに大きく成長させようとする段階で足踏みをする状況が続いており次のステップ（認知率の向上やブランド推進者の増加）へ進む具体的な方向性が見出せないという課題が明確になりつつある。この課題が解決されない限り，地域のブランド化が経済的利得を地方へもたらす可能性は低くなる。

　この課題を解消するには，地域特性に応じて3つの方向性が考えられる。一つは，すでにブランド・イメージが確立している特産品などが存在している場合，特産物製造業者と連携を強化し特産品を生んだ土壌としての地域の価値を強調し，より広範に地域が好印象づけられるようなコンテンツを構築し企業ブランドが地域ブランドの付加価値を牽引する方式を採用することである。

　つまり，現状の特産品イメージを損なうことなく地域ブランドとの融合を図

ることを狙いとする。

　しかし，現実には多くの地方では，ブランドイメージが確立した人気の特産品を保有することは少なく，多数の来訪者に足を運んでもらうこと事態が困難であるため，地域外の人々に地域ブランド独自のイメージを伝達する方法を見つけ出す必要がある。

　そのためには，地域のブランド化を象徴する他地域との差別化が可能な個性的製品の開発や地域外からの来訪者を吸引する体験型の魅力的なイベントなどの企画実行を通してブランドおこしのできるクリエイティブな人材を長期的に確保し，地域のブランド化に相応しいプランを推進する体制を作ることが必要となる。

　他方，品質水準で他地域に対する競争優位を確保できる特産品は存在するが有効な情報発信が行われないために地域外に浸透せず経済的利得が生じていない地域の場合，地域のトップセールスによる販路開拓などの営業力による地域ブランドの拡販も必要となる。

　最近の事例としては，著名人が地方自治体の長（宮崎県，大阪府など）となり，個人的名声を背景に地域の良好なイメージを伝達し，地域外の人々の関心を引き込むことなどが認められる。まさに，地域外からの支持が命綱であり，それが地域内に還流する仕組みを作り上げることが不可欠なのである。

　他地域に対して相対的な競争優位の状況を築き，地域外に地域ブランドを浸透させるためには，地域内の人々が自己のアイデンティティの一部として，そのブランドを育てていく仕組みも必要となる。具体的には，地域ブランドを表象する製品やサービスを積極的に自ら活用し，花見酒のような行動を繰り返し，地域ブランドの価値を地域外に浸透させる努力を自ら図ることである（地域ブランド製品を贈答品に活用するなど）。

　この仕組みを形づくるためには，地域ブランドを創造する小規模な組織の編成とそこで築かれるものを広げる組織との連携が必要となる。創造されるブランドの浸透を担う組織として望ましいと考えられるものとして，小学校区単位で組織化されるコミュニティや市民活動団体などとの連携が考えられる（地域

第2章　地域ブランドとシビック・プライド

では，地元に生まれ育った地元民，自分の代から居住し始めた新住民，ビジネスや学業のために居住する人々が共有できる価値観の構築が事前準備として必要）。メンバー間の良好な関係性が維持され地域コミュニティとの関係性を深め，組織としての地域ブランドへの支援を取り付けるとともに，個々人の居住者がブランド戦略に参加支援できる仕組み（市民参加型のイベントの増加を図ることも一案ではあるが一過性であり，あまり効果が期待できないのが現状である）を整えることも肝要である。地域のブランド化は，影武者としての行政が主導して進められる政策課題であると同時に，地域に生きる人々の生活環境の向上にその目的が集約される。地域ブランドの成功は，地域に生きる人々が積極的にブランドを活用すると同時に，地域外の人々にそのブランド価値の高さが評価されその成果がフィードバックされて，地域の人々の誇りを育むサイクルを作り出すことである。そのためには，地域ブランドを象徴する製品やサービスの質の高さや他地域との明確な差別化が図られていることが必要であるが，それを浸透させる力として地域に生きる人々の地域への強い思い入れや地域の人々のネットワーキング，地域外への情報発信力も不可欠な要素である。地域コミュニティの方々のブランドへの思い入れは，前節で触れた地域を育むシビック・プライド（（注釈5）参照）という形で表現され4つのL（Like to Local, Love to Local, Live with Local, Life for Local）の段階を経て強化されるものと考えられる。この循環システムが機能し地域内外との情報交流の促進やブランド・プロモーションを強化する地域ブランドのバリュー・チェーンを構築することが目指されるべきであろう。

（3）　知名度の低い地域の事例−塩尻市のブランド・コミュニケーション戦略

効果的なマーケティング・コミュニケーション戦略を基に地域ブランド化を進める「塩尻市」では，「地域間競争において市力を向上させ，他地域よりも優位に立つためには，市外の人々が，塩尻の資源を購買するのをはじめ，直接的に訪問し，塩尻ブランドの真髄を肌で体感し，またその魅力を知り，この地において暮らし，新たな知を創造する仲間になってもらうことが必要である」

この一連のプロセスを構築するため，外部コミュニケーション戦略においては，塩尻市の魅力を十二分に伝えるために最もそれを体感しやすいイベント等を中心とした事業を通じ市場における塩尻市の認知度・イメージ向上と浸透を図ることを狙いとするコミュニケーション戦略として次のような企画が策定されている。さらに，地域ブランド化の効用の最大化を目指す観点から，地域内に向けてのマーケティング・コミュニケーション戦略も策定されており，地域ブランド論の本質である地域の紐帯（地域への愛着と誇り）と活性化（地域活動への協働）を図ることを狙いとするコミュニケーション戦略が個別に策定され地域内への積極的なブランド浸透を意識していることが特徴的である。

　この戦略を成功裡に導くには，自治体が主導する場合であれ地域のブランド化は地域の人々が中心となり自由闊達な議論を重ねる形で実施される仕組みが工夫されていること。それぞれの戦略の優先順位が決められ戦略間でのシナジー効果が生まれるように実践されていくことが肝要である。

（4）　地域ブランド戦略の推進方法を地域ブランド化するドグラ・マグラ的なあり方

＜外部コミュニケーション戦略＞

●　地域資源の強みをPR

　塩尻市の資源のすばらしさを体感させるために，塩尻 Cuisine（市外向け）やキャラバンなどを行う。市内向けの塩尻 Cuisine が市民における地域ブランド資源の再認識や意識づくりの側面があるのに対して，市外向けの塩尻 Cuisine は，マスコミや著名人など向けに行い，塩尻ブランド資源の優秀さをプロモートしてもらうことを主な目的する。

●　トピックスづくり

　全国でも最先端の地域ブランド戦略を展開する場所として，地域ブランドに関する研究や取り組みの情報を集約させ，学会やシンポジウム等の開催を通じて，再度，全国に発信する場所とする。そうすることで，常に塩尻市から地域ブランドに関する話題（トピックス）が提供される仕組みを構築する。

第2章　地域ブランドとシビック・プライド

● 観光を活用した塩尻ブランドの宣伝

　観光側面においては，既に観光振興ビジョンが策定されている。ゲートウェイシティ構想は，「知の交流と創造」を掲げた，塩尻『地域ブランド』戦略とも整合する部分が多い。そのため，歴史・文化・自然資源，たとえば，日本三大縄文遺跡のひとつである「平出遺跡」の活用をはじめとして，分水嶺や宿場町，多くの自然資源（水や森林）などのブランド価値向上に関しては，観光ビジョンの事業を具体的に進めることで実現する。

＜内部コミュニケーション戦略＞

● 広　　報

　市民が，塩尻ブランドの取り組みに接触する機会を増加させる。本市の広報を活用し，定期的に情報を提供する。また，塩尻インターネット加入者に対するメールマガジンなどの発行も検討する。職員の塩尻ブランドに対する知識や関心を高めるために職員研修なども併せ行う。

● 購入機会の提供

　地場産品が購入できる機会を増やす。市民が消費しない地場産品は市場に流通することはない。そこで，市内において地場産品の流通を促進させる。市内店舗において地場産品の販売の拡充を促すほか，塩尻駅および駅周辺の活用検討，市民交流センターの活用などを検討する。

● 情報窓口の開設

　塩尻ブランド専用のホームページを開設する他，庁内にブランド担当部署の設置を検討し，情報の受発信（コミュニケーション）を活発化させる。

● 常設展示場設置

　地場産品や塩尻ブランドの情報に気軽に接触できることが重要である。そこで，地場産品や塩尻ブランドに関する情報が常に入手できる常設展示場の設置を検討する。

6
おわりに－地域活性化に向けて地域ブランドに残された課題－

　地方自治体が財政基盤の強化を狙いに地域経済の活性化を目的に展開する地域ブランド戦略では，特に地域アイデンティティにどのようなものが掲げられ，そのアイデンティティが地域住民に共有され，地域の紐帯意識へと繋がる仕組みが築かれていくかが重要である。地方の財政基盤の短期間での強化策は，協働のまちづくりに参画し中長期的視点から市民活動（収益を生まず，支出が伴うことが多いが地域の本質を見据えている）の活性化を求める住民との間に軋轢を生じさせる場合がある。

　地域ブランドの創造と地域外への浸透を急速に進めようとすると，地域内住民の求める地域の活性化策とのバランスが崩れ，住民の意思を無視して進められているという思わぬ抵抗を生みブランド戦略の足枷となることが生じる。

　また，中長期的な地域の成長や活性化を実現するためには，地域住民と地方自治体との効果的なコラボレーションが不可欠であるが，行政の担当者に熱意がなく無責任体質な場合，両者の良好な関係は望めず双方が不信感を抱き地域自体の行政活動が沈滞する事態に陥る恐れもある。とくに，地方自治体の職員は数年で部署の移動があるため自分が手がけてこなった事案については，すべて前任者から無責任に引き継いだものが多く，継続的な事業に無関心であることが多い。このため地域の活性化に取り組んできた熱心な住民らを失望させ協働による地域活性化の活動が頓挫することがしばしば地域に生じている実態である。また，地方自治体に数年だけ出向してくる国のキャリア官僚が，自分の業績のみを追及し，赴任先の地域の将来を考慮せずマイオピア的で派手な政策に着手し，地道な活動を怠り課題を残したまま出向が終了し，地方に残された後始末に地方自治体の職員が忙殺され本来の業務とは異なる辻褄あわせの業務に明け暮れることなどの無駄な作業が膨大に残されることがある。これでは，地域の経済的活性化などを支援する住民の活動が継続されることなど不可能であり，地域に根付くブランド戦略は失敗に終わるといえる。地域の経済的活性

化や地域全体の活性化を達成するためには，地域活性化を牽引するファシリテーターを中心に産官学民の協働関係を構築し，地域内外との情報交流を積極的に展開することを通して，理想とする地域の実態に近づいていく絶え間ない努力が成されていることである。このプロセスにおいて地域に生きる人々の中に，地域への愛着度を高め，地域内外の人に地域の特性や誇りを熱心に伝える人がどれくらい生まれてくるかにかかっている。このような心理的高揚感の中核を占める構成概念が，シビック・プライドと地域ネットワーキングであり，シビック・プライドの構造（図表2－3参照）は「地域関与因子」，「地域アイデンティティ因子」，「地域貢献因子」で構成される。とくに，競争優位な地域特性や個性化を図りにくい地域のブランド化が成功するための重要な役割を担う。その地域に生活する人々のシビック・プライドが育まれ，地域ネットワーキングが構築されるような地域ブランドを通して社会関係資本が生まれることで長期的な地域活性化が達成されると思われる。

図表2－3　シビック・プライドの測定項目

	シビック・プライド変数名
地域関与因子	○○を多くの人に知ってもらいたい ○○の良さを知人に話す機会が多い ○○に関する報道をよく見聞く プラスになるなら支援は惜しまない まちづくりに積極的に参加したい
地域アイデンティティ因子	○○にずっと住み続けたい ○○に住んでいることを誇りに思う
地域貢献因子	○○の生活には不満な点が多い 活動は熱心な人に任せておけば良い 個人の自由が制限されても仕方ない

注）　○○には都市名が入る。各変数は，5ポイント「非常にそう思う(5)〜全くそう思わない(1)」で測定された。また，「○○の生活には不満な点が多い」「活動は熱心な人にまかせておけば良い」は，逆ポイントとなっている。

注

1) 地域ブランドの定義
    - 「地域ブランド」とは『地域に対する消費者からの評価』であり，地域が有する無形資産のひとつである。
    - 「地域ブランド」は，地域そのもののブランド（ＲＢ＝Regional Brand）と，地域の特徴を生かした商品のブランド（ＰＢ＝Products Brand）とから構成される。
    - 「地域ブランド化」とは，これら２つのブランドを同時に高めることにより，地域活性化を実現する活動である。
      独立行政法人中小企業基盤整備機構「地域ブランドマニュアル」(2005年6月)
2) 地域団体商標制度導入の目的と法律改正の概要（平成17年6月特許庁）
    1．法律改正の目的
      地域ブランドをより適切に保護することにより，競争力の強化と地域経済の活性化を支援するため，地域名と商品名からなる商標について，団体商標としてより早い段階で登録を受けることを可能とする措置を講ずる。
    2．法律改正の概要
      地域おこしの観点から地域名と商品名からなる商標を当該地域の産品等に用いて，地域ブランドとして当該地域経済の活性化に結びつけようとする取り組みが増加している。一方，現行商標法では地域名と商品名からなる商標の登録を全国的な知名度を有する等，一定の要件の下でしか認めていないため，全国的な知名度を獲得する前の段階から一般の産品等と差別化を図りたいとの要請には十分には応えきれない状況にある。
      このため，地域ブランドに係る商標を適切に保護する観点から，以下のような措置を講ずる。
      - 地域名と商品名からなる商標（地名入り商標）について，事業協同組合や農業協同組合によって使用されたことにより，たとえば複数都道府県に及ぶほどの周知性を獲得した場合には，地域団体商標として登録を認める。
      - 地域団体商標が登録された後に，周知性や地域との関連性が失われた場合に無効審判の対象とするとともに，商品の品質の誤認を生じさせるような不適切な方法で登録商標を使用した場合に取消審判の対象とする。
      - 地名入り商標の出願前から同一の商標を使用している第三者は，自己のためであれば当該商標を引き続き使用することができる。
3) 小川孔輔「京都ブランドの成り立ち」京都工芸繊維大学（2007.10.30）講演録
4) コトラーらは，都市や地域を経済的に豊かな「場」に変える方向として，その地域の特性に合致する企業の誘致，産業の発展，親密な人間関係などが重要な役割を果たすことを示唆している。
5) 地域活性化の基底となる地域への心理的変化を育む成長循環プロセス

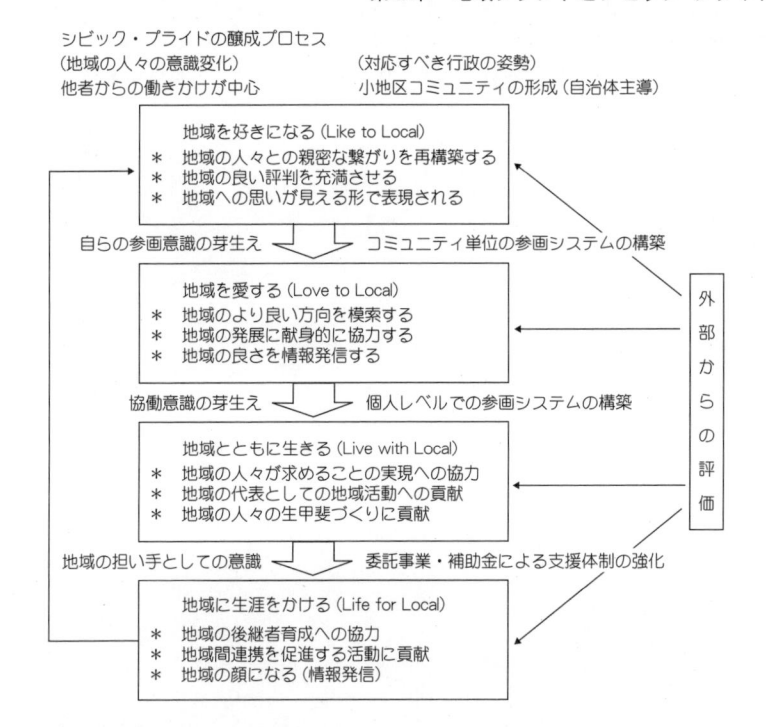

第2章　地域ブランドとシビック・プライド

シビック・プライドの醸成プロセス
（地域の人々の意識変化）　　　　（対応すべき行政の姿勢）
他者からの働きかけが中心　　　　小地区コミュニティの形成（自治体主導）

```
┌─────────────────────────────────┐
│ 地域を好きになる (Like to Local)  │
│ ＊ 地域の人々との親密な繋がりを再構築する │
│ ＊ 地域の良い評判を充満させる      │
│ ＊ 地域への思いが見える形で表現される │
└─────────────────────────────────┘
```

自らの参画意識の芽生え　　コミュニティ単位の参画システムの構築

```
┌─────────────────────────────────┐
│ 地域を愛する (Love to Local)     │
│ ＊ 地域のより良い方向を模索する    │
│ ＊ 地域の発展に献身的に協力する    │
│ ＊ 地域の良さを情報発信する       │
└─────────────────────────────────┘
```

協働意識の芽生え　　個人レベルでの参画システムの構築

```
┌─────────────────────────────────┐
│ 地域とともに生きる (Live with Local) │
│ ＊ 地域の人々が求めることの実現への協力 │
│ ＊ 地域の代表としての地域活動への貢献 │
│ ＊ 地域の人々の生甲斐づくりに貢献   │
└─────────────────────────────────┘
```

地域の担い手としての意識　　委託事業・補助金による支援体制の強化

```
┌─────────────────────────────────┐
│ 地域に生涯をかける (Life for Local) │
│ ＊ 地域の後継者育成への協力       │
│ ＊ 地域間連携を促進する活動に貢献   │
│ ＊ 地域の顔になる（情報発信）     │
└─────────────────────────────────┘
```

外部からの評価

参考文献

- Little, J.D.C. (1975), "BRANDAID：A Marketing-Mix Model, Part 2：Implementation, Calibration, and Case Study," Operations Research, 23, 656－686
- ケビン・レーン・ケラー著（恩蔵直人他訳）(2005)『戦略的ブランド・マネジメント』東急エージェンシー
- D.アーカー著（陶山計介他訳）(2004)『ブランド・エクイティ戦略』ダイヤモンド社
- 青木幸弘・岸志津江・田中洋　編著(2000)『ブランド構築と広告戦略』日本経済新聞社
- 小池直・山本康貴・出村克彦(2006)「ブランド力の構成要素を考慮した農畜産物における地域ブランド力の計量分析－インターネットリサーチからの接近－」農経論叢 Vol.62 (2006) Mar. pp.129－139
- 片平秀貴(1987)『マーケティング・サイエンス』東京大学出版
- 塩尻市(2007)塩尻『ブランド戦略』http://www.city.shiojiri.nagano.jp/ctg/Files/1/180127/attach/brandsenryaku.pdf
- 滋野英憲(2005)「まちづくりとシティ・プライド」（『都市商業とまちづくり（第3章）』）税務経理協会

- 滋野英憲(2006)「まちづくりマーケティングの課題」甲子園大学紀要
- 「地域ブランド化に関する調査研究」報告書　財団法人　岐阜県産業経済振興センター（平成19年3月）

(滋野　英憲)

第3章

交通施策による商業まちづくりの支援

1 はじめに－商業まちづくりと交通まちづくり－

　本書は，前著『都市商業とまちづくり』の問題意識を引き継ぎ，商業まちづくりをメインテーマとしている。だが，「まちづくり」は今なお曖昧な概念であり[1]，その曖昧さを逆手に取って，商業以外にもさまざまな観点から「○○まちづくり」が考察されている。

　そうした試みの一つとして，商業まちづくりと同様の身近な話題である「交通まちづくり」というキーワードも，最近よく見られる。さらに，「中心市街地と公共交通は双子の兄弟」[2]といわれるように，商業と交通の関係は大変深い。学問的に見ても，大学の商学系統の学部・学科では，商業学（商業論・流通論）と交通論の両方が，基本的な科目として研究・教育されてきた。

　そこで本章では，商業（流通）と交通の連携を，まちづくりを触媒として検討することで，交通施策（交通手段の整備・運営）が商業まちづくりを支援し，中心市街地活性化に貢献する可能性を論じる。

2 まちづくりにおける商業と交通の連携

　上記のように，商業と交通の関係は深く，両者の一層の連携が求められていることは確かである。だが実際は，ビジネスや政策の現場においても，また大学のような研究・教育の場においても，商業と交通の関係が明確に整理されることは少なかったように思われる。本節では，商業と交通の接点を，まちづくりを視野に入れつつ，いくつか挙げて検討する。

（1）　商業と物流・貨物輸送

　わが国において，商業と交通の関係をめぐる検討は，20世紀の初頭，明治30年代にまでさかのぼる[3]。この頃，東京・神戸・大阪に国公立の高等商業学校（現在の一橋・神戸・大阪市立の各大学の前身）が設立され，私学でも専門学校の「大学部」に理財（経済）科や商科が置かれるようになった。既にこのときから，商業と交通は，商業学の総論と各論として教授されていた。つまり，商社の中心業務とされる商業や貿易については総論（本来商業論）の中で教えられ，これら業務から派生する，商品や物資の輸送・保管，あるいは金融といった業務については，本来商業を補佐し確立させる「補助商業（商業補助業）」の各論科目において講じられるようになったのである。補助商業論として，交通論・倉庫論・保険論・銀行論・証券論などが商学の主要科目となった。つまり，商業・貿易により発生する物流（川上から川下への商品・物資の流れ）に対応した貨物輸送を論じることが，商学の一環として交通論という学問分野を成立させたのである。

　こうした物流は，近年ではロジスティクス（logistics）やサプライチェーン・マネジメント（supply chain management）と言い換えられ，改めて流通と交通の接点として意識されるようになった。とくに，まちづくりとの関係では，都市内物流の議論が盛んになっていることが注目される。都市内物流には，都心の業務地区や商業集積における，荷捌きスペースの確保や共同配送の実現といっ

た課題が多く残っており，環境問題（道路混雑や大気汚染など）に与えるインパクトも大きい。都市内物流については，土木工学や都市計画といった技術的な観点に基づく，ハードウェア（施設整備）中心の研究が主流であった[4]。だが，まちづくりの概念を導入すれば，ソフトウェアの観点，とくに施設完成後を含めたタウンマネジメントにおいて，物流を考慮することが新たな課題として浮かび上がってくる。物流まちづくりは，サプライヤー（原料・部品供給業者）から最終消費者までを繋いで商品・物資の流れを管理するサプライチェーン・マネジメントにおいても，店舗に納品・陳列され消費者の手許に届くまでの「最後の1マイル」を担う部分として重要である。

（2） 交通事業者の商業への進出

わが国では，とくに大都市圏において，民営の鉄道事業者（かつての国鉄が分割・民営化されて発足したJR各社を除く，いわゆる私鉄）が交通の大動脈を担っている。だが，諸外国では鉄道事業は政府による補助・出資・運営によって成り立つのがごく一般的である。通勤をはじめとする大量の交通需要が確保されているとはいえ，これほど大規模な鉄道事業が民営で成り立っているのはわが国だけである。これにはいくつかの理由があるが，その一つとして，私鉄が兼業あるいはグループ経営を通じて商業や不動産業に進出するという，多角化戦略を展開していることが挙げられる[5]。鉄道事業者が，その路線の駅前で百貨店やスーパーマーケットを経営することは，わが国の都市ではありふれた光景であるが，海外ではまず見られない。

このような，私鉄による商業への進出をビジネスモデルとして確立したのは，1929年に大阪・梅田駅に阪急百貨店を開店した，阪急電鉄の小林一三（いちぞう）(1873～1957) である[6]。現在でもわが国の百貨店業界は，大きく「呉服店系」と「私鉄（電鉄）系」に二分されるが，言うまでもなく後者は，阪急の戦略に他の鉄道事業者(現在ではJRも含む) が倣い，各線のターミナルや主要駅で百貨店事業を展開したことに起源がある。

また，私鉄各社は沿線で食品スーパーを経営していることも興味深い。私鉄

は，百貨店で購入されるような買回品だけでなく，食品をはじめとする最寄品についても，沿線住民の生活を支える事業を展開しているのである。私鉄系スーパーが出店しているような駅前には，沿線開発の初期から近隣型商店街が形成されていることが，とくに大都市圏では一般的である。今後は，私鉄系スーパーが商店街と協働することで商業集積としての魅力を高め，沿線のまちづくりに貢献していくことが求められよう。たとえば，生鮮三品（精肉・鮮魚・青果）は仕入・販売に職人的なスキルが必要であり，卸売市場での取引の時間帯といった都合から，これら業種の店舗経営者は商店街組合などの活動に参加しにくいといわれる。そこで生鮮三品の取り扱いは食品スーパーに任せ，それ以外の業種の店舗経営者がまちづくりに一層注力できるようにすることは，商業集積内の役割分担を明確にし，商店街活性化の一つの方法となるかもしれない。

さらに近年では，鉄道事業者が自社の駅構内で行う商業開発が改めて注目を浴びており，「駅ナカ」という通称も定着しつつある[7]。とくに大手私鉄では，最近「沿線価値の向上」がグループ経営の重要な命題とされている。そのためには，自社の沿線地域（とくに商業と住宅地）を定期的に再開発することが鉄道事業者の使命であり，「私鉄系」以外の商業者や不動産業者が持ちえない，地域にとっての長期的な存在意義となりうる。

（3） 商業集積への交通手段整備

前項でみた私鉄系の百貨店やスーパーは，交通事業者が商業に進出する例であるが，これとは逆に，商業者（あるいはその集積・団体）が交通手段を重視する例も見られる。江戸時代からの繁華街に店舗を構える東京の呉服店系百貨店が，大正時代に，常顧客を駅までバスで送迎したのが起源の一つといえよう。前述の小林一三は，この送迎サービスを見て，駅前に百貨店を作れば送迎が不要であることに気づき，阪急梅田駅に百貨店を併設することを思いついたという。

商業者が来店者の交通手段を重視するのは，交通手段の整備が商圏拡大や購

第3章　交通施策による商業まちづくりの支援

買頻度の向上と深く関連すると考えられているためである。最寄品は，徒歩や自転車で毎日でも立ち寄れる，近隣型商店街や食品スーパーで購入されるのが一般的であるとすれば，買回品は，都心の繁華街やデパートに，週末に鉄道で出かけたときに購入されるであろう。

だが，交通手段と商圏の間のこうした素朴な関係は，あくまでも公共交通（鉄道・バス）が中心であり，自動車（以下では自家用乗用車を指す）の普及（モータリゼーション）によって様相が大きく変わることに注意が必要である。わが国では，高度経済成長期以降のモータリゼーションに伴い，大都市圏の中心部を除いては，買い物に自動車が使われることがごく一般的になっている。自動車ならば，コンビニエンスストアから大型ショッピングセンターまで，多くの業態へのアクセスが容易になり，最寄品と買回品の区別や，交通手段と商圏の関係は不明確になる。

その意味では，群馬県高崎市の中心市街地とその核店舗の戦略は非常に興味深い[8]。この事例では，交通手段と商圏の関係を商業集積が十分に意識し，鉄道で県内各地から集まってくる中高生をターゲットにして成功を収めた。だが実際は，高崎に買い物にくる中高生も，数年経てば高校を卒業する。それを機に，県外（とくに東京）に出て行ってしまう若者は多いであろう。県内に住み続ける若者も，運転免許が取れる年齢に達すると，豊富な品揃えと広大な売り場面積を誇る郊外のショッピングセンターに自動車で向かう可能性が高い。もちろん，常に中高生の流行を捉え，その時々の中高生をターゲットにし続けるという戦略は十分ありうる。だが，先に見た県外への若者の流出が続けば，全国的に深刻化する少子化と相まって，ターゲット層の減少傾向に長期的に歯止めがかからなくなる恐れがある。

もっとも，公共交通による商業集積へのアクセスには，むしろ追い風が吹いている。それは，自動車がもたらす環境問題（道路混雑，大気汚染，地球温暖化など）への意識の高まりや，高齢化の進展（自動車運転による交通事故への不安増大，運転免許返上促進など），飲酒運転の予防（取締り強化）などである。さらにごく最近では，原油高に伴うガソリン価格の上昇が，自動車利用に与えるインパク

トが大きいことが確認された。こうした状況の変化を活用し，自動車を使わなくても買い物に不便しないまちづくりを実現することは，交通事業者と商業者の双方にとってさまざまな意義がある。

「何を買うか」（商業）だけでなく「どうやって買いに行くか」（交通）を示すことによるライフスタイルの提案は，わが国ではとくに大都市圏において，小林一三以来の伝統がある。これは，海外（とくにアメリカ）に比べ，公共交通を軸としたコンパクトな都市構造が実現されてきた要因でもあろう。欧米では，公共交通志向型開発（transit-oriented development）が注目を浴びているが，わが国ではこの用語が作られる前から，同様の発想に基づいたまちづくりが実現されてきたのである。その蓄積を一層活用することが今後の課題である。

（4）まとめ

以上本節では，物流，交通事業者の商業への進出，商業集積への交通手段の3つを，商業と交通の接点として検討した。これらのうち最も古いと考えられるのは，（1）で見た，商業から派生する物流（貨物輸送）への対応である。これに加えて，本節全体の議論に見られる最近の傾向として，まちづくりを触媒として商業と交通の連携を見直すことは，これからの重要な課題である。

また，まちづくりは，商業学と交通論を主要科目としてきた商学の体系を再構築するきっかけとなりうる。商学は，ともすれば「商売の技法を学ぶ」といった誤解を受けがちであったが，まちづくりは，地域政策や公共哲学といった新しい風を商学に呼び込む可能性を秘めているのである。

3 商業まちづくりとしての交通手段の整備

本節では，前節（3）で論じた，商業者（商業集積）による交通手段の整備について，より詳しく議論する。もちろん，商業集積への交通手段といっても，前節で触れたように，自動車，鉄道，徒歩，自転車などと多様である。以下で

第3章　交通施策による商業まちづくりの支援

は，これまでの議論を踏まえ，公共交通を中心に取り上げることとする。自動車交通に関しても，たとえば，商業集積による駐車場整備やその費用負担，周辺の道路混雑など，多くの課題が残されているが，機会を改めて議論することとしたい。

（1）　アクセス交通・回遊交通・商品配送

　商業集積への交通手段を，地方都市を念頭に置いて図示したものが図表3－1である。とくに，中心市街地に向かうための「アクセス交通」(図表3－1の①) と，中心市街地の中を動き回るための「回遊交通」(同②) は，相互に連携させ一体的に整備する必要がある。

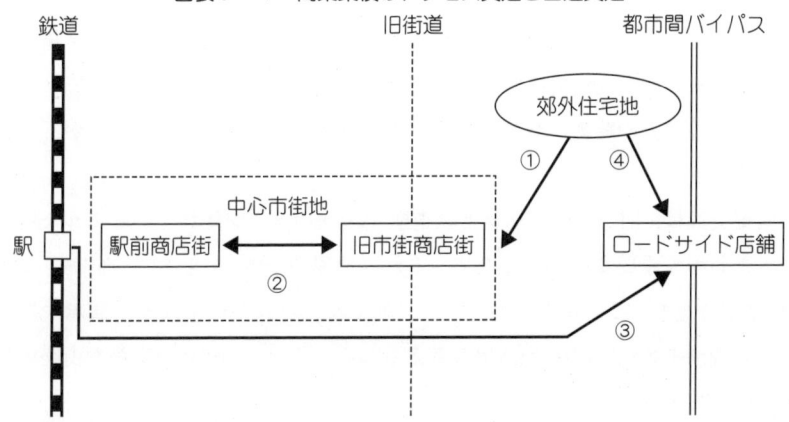

図表3－1　商業集積のアクセス交通と回遊交通

①　郊外住宅地から中心市街地へのアクセス
②　中心市街地内の回遊
③　駅からロードサイド店舗へのアクセス
④　郊外住宅地からロードサイド店舗へのアクセス
出所：伊藤元重・松島茂「日本の流通」『ビジネスレビュー』第37巻第1号，1989年，22頁，および高橋愛典「交通施策を通じた中心市街地活性化の試み」日本交通政策研究会『社会参加を促すための地方部公共交通政策』(日交研シリーズA-431) 第4章，2007年，29頁より作成。

　アクセス交通は，徒歩や自転車に頼ると商圏拡大に限界があるため，都市公共交通を活用することとなろう。都市公共交通は，鉄道や路面電車といった軌

道系と，バスや乗合タクシーといった道路系に大きく分けられる。ただし，都市の規模にかかわらず，財源や採算性といった問題から，軌道系公共交通をこれから新設・整備することは，一般に困難である。もちろん，第1章で触れた富山市が，新型の路面電車といえるＬＲＴ (Light Rail Transit) の導入を中心市街地活性化の目玉としていることから，軌道系公共交通にも注目が集まっている。だが，富山市の事例は，既設のローカル線であったＪＲ富山港線を，新幹線建設に伴う高架化に合わせてＬＲＴに改築できたという幸運に支えられていたことを見逃してはならない。また，富山市の事例では，ＬＲＴの導入自体が政策目的なのではない。これにバス路線網の再編などを組み合わせて，「串（公共交通）」と「お団子（その沿線の拠点）」の構想によるコンパクトな都市構造を実現することこそが目標なのである9)。言い換えれば，全国各地の都市一般において，軌道系にこだわらずに，バスをはじめとする道路系公共交通を積極的に活用することが先決であろう10)。バスにも，道路インフラさえ整っていればサービスの導入や路線・時刻の変更が比較的容易であるといった利点が，確かに存在する。

　回遊交通は，旧市街の商店街と鉄道駅（駅前商店街）が離れているような場合に，きわめて重要な役割を果たす。これも地理的条件（たとえば，商店街と駅の間の距離や地形）に依存するが，回遊交通では，バスだけでなく，徒歩や自転車(レンタサイクルを含む)の活用も考えられる。そのためには，道路や街路の整備と改善も課題となる。

　また，これらの来店交通手段の整備に対応して，商品の配送の問題も考慮する必要がある。とくに家具や家電製品は，かさばって重量もあるため，自動車以外の交通手段では持ち帰れないものが多い。一方で購入者は，すぐに自宅に持ち帰って設置したい，使いたいというニーズを持っており，自動車がとくに有利である。そのため，こうした商品を扱う量販店は，立地や駐車場の台数など，あくまでも自動車でのアクセスを前提としていることが多い11)。こうした店舗が中心市街地に立地し，自動車以外での来店者をも満足させるには，配送サービスを価格と質の両面で充実させることが重要である。価格面では，配送

料を大幅に引き下げることである。たとえば，公共交通でアクセスした購入者に対し，配送料を無料とすることは，公共交通の共通乗車カード（関西では「スルッとKANSAI」や「PiTaPa」）のデータを活用すれば，技術的には難しくない[12]。質の面では，中心市街地の店舗では見本のみを展示し，商品は郊外の物流拠点から直接購入者の自宅に配送するものの[13]，商品を自動車で持ち帰るのと遜色ない利便性を実現することである。いずれも，来店交通手段の充実にとどまらず，前述のロジスティクスやサプライチェーン・マネジメント，さらには物流まちづくりの面での工夫も求められる。

（2） 買い物バスの運営における商工団体の役割

では，誰がどのようにして，このような交通手段を整備すればよいだろうか。ここではとくに，アクセス交通と回遊交通の両方で有用なバスを念頭に置いて考える。言い換えれば，誰がどのようにして「買い物バス」を走らせればよいか，ということである。

ここで「バスを走らせる」とは，車両の保守・点検や乗務員の勤務シフトの管理といった，バスの運行業務に限定されない。運行業務は，その地域のバス事業者に委託すればよく，車両も事業者が既に持っているものを活用する余地があろう。

問題は，バスのサービス内容（運賃・路線・時刻表など）を決定し（バスの「計画」），これを実現するために運賃収入・補助金などを含めて費用を賄う（運行委託料の支払い，バスの「運営」）のは誰か，ということである[14]。この計画・運営の段階で自治体（市町村）が積極的な役割を果たしてきたのが，東京都武蔵野市の「ムーバス」をきっかけとしてこの10年ほど全国各地でブームとなっている，いわゆるコミュニティバスである。なかでも，金沢市の「ふらっとバス」が，自動車の乗り入れが規制されている横安江町商店街を通行して実質的なトランジットモールとして機能しているように，コミュニティバスは早い段階から中心市街地活性化に結びついた交通政策として期待されてきた。だが，こうしたコミュニティバスのほとんどは，採算性が期待できず，自治体の補助

によって成り立っている[15]。自治体の財政が一層厳しくなるなかで，全国各地のコミュニティバスは今や見直しの段階に入っているといえよう。

こうした状況の中でも，中心市街地の関係者，とくに商業者の利害を代表する商工団体が，バスの計画・運営段階において主導し，買い物バスを走らせる例がいくつか見られる。山口県周南市徳山の「街なかふれあいバスぐるぐる」は，市の代わりに商工会議所がコミュニティバスを走らせているといえる[16]。長崎県五島市福江の「商店街巡回バス」は，商工会議所と商業者の手弁当で実現した[17]。福島県南相馬市小高の「おだかeーまちタクシー」は，商店街の顧客層の中心である高齢者の移動ニーズを，商工会が充足しようとしている[18]。

（3） パートナーシップと私益・共益・公益

これらの事例では，商工団体が，自治体からの補助金，バス利用者からの運賃収入，会員企業（個別の商業者）からの会費収入や協賛金などの「受け皿」となり，費用負担の責任を担うことによって，買い物バスを維持している。要するに，商工団体が核となって，中心市街地のさまざまな主体がパートナーシップ（連携）を構築しているのである。

図表3－2は，中心市街地に関わるさまざまな主体を，誰がどのようなbenefit（益）を追求するのかという観点から整理したものである。もちろん，商業者は営利企業として，金銭的な利益を中心とした私益（private benefit）を追求する。商工団体は，会費収入を基に，会員企業の共益（mutual benefit）の実

図表3－2　中心市街地活性化の主体と私益・共益・公益

商　業　者	商　工　団　体	中　心　市　街　地	自　治　体
企業の私益 private benefit （金銭的利益中心）	会員企業の共益 mutual benefit	関係者の共益 community benefit （賑わいの創出など）	住民の公益 public benefit
狭い・個別 ←　　　　　benefitの範囲　　　　　→ 広い・不特定多数			

出所：高橋愛典「バス交通施策を通じた地域活性化の試み」『運輸と経済』2007年3月号，56頁を一部修正。

現を目的とする。自治体は，行政区域内の不特定多数の住民にとっての公益（public benefit）を実現しようとする。

　中心市街地およびその関係者は，benefitの広がりにおいて，商工団体と自治体の間に位置すると考えられる。つまり，中心市街地の商業者・住民・来店者など，地区限定であるがさまざまな関係者の共益（community benefit）の実現を目指す。それゆえ，従来ある複数の商店街（組合）をカバーし，中心市街地全体の利害を代表するようなまちづくり会社や非営利組織が設立されたり，地区住民の町内会・自治会や近隣の大学との協働が求められたりする。これについては第10章で詳述する。

　そうしたなかで，このような複雑かつ多様な私益・共益・公益を調整し，可能な限り一致させるしくみが求められる。また，その重心が変わることによって，リーダーが交代する可能性もある。買い物バスでいえば，たとえば，自治体の補助金で実験運行を開始し，商工団体が運営していたバスが，利用者の増加に伴ってバス事業者の独立採算で持続的に運行できるようになり，自治体や商工団体の「手を離れる」かもしれない。

　とはいえ繰り返しになるが，コミュニティバス一般と同じく，買い物バスの採算性はもともと期待できないのが普通である。その運営をめぐる費用負担は，中心市街地の関係者にとって投資という側面が強く，失敗や運行中止の恐れもある。また，買い物バスが運行にこぎつけても，当面は中心市街地での賑わいや市民交流の創出（共益）が目標となるであろう。賑わいが戻ってきたとしても，それを活用して売り上げ増加やビジネス上の成功（私益）に結び付けられるか否かは，個別の商業者にかかっている。それでもまずは，共益としての賑わいの創出を目標に，買い物バスを持続可能とするためには，図表３－２で見たパートナーシップがやはり不可欠であろう。

4 おわりに―まちづくりと交・流・通―

　以上本章では，まちづくりを触媒とした商業と交通の連携について，中心市街地への交通手段の整備を中心に検討した。

　前節で触れたように，買い物バスの運営を例とする，商業まちづくりと交通まちづくりを融合する試みの結果として，中心市街地における市民相互の交流や，商業者と来店者の交流が期待できる。同様に，第8章で論じる観光まちづくりの一環として交通手段を整備することで，観光地の地元住民と観光客の交流が促進される可能性もある。つまり，商業と交通は，モノ・カネ・情報の流通を目的とすることもさることながら，あくまでも人間を中心に据えて考えれば，人的な交流を最終目的としているといえよう。交通・流通（商業）・交流，つまり「交・流・通」を一体的に把握し，その統合を目指すこと，「ヒトの交通と，モノ・情報の流通によって，ヒトとヒトとの交流を実現する[19]」ことは，まちづくりにとっても，商学という学問体系にとっても，究極の目標になりうるのである。

注

1) 石原武政『「論理的」思考のすすめ』有斐閣，2007年，143～146頁は，まちづくりを定義することを積極的に拒否しており，興味深い。
2) 土井勉『ビジョンとドリームのまちづくり』神戸新聞総合出版センター，2008年，86～88頁を参照されたい。なお，本章で公共交通（public transport）とは，対価を支払えば誰もが利用できる交通サービスを指す。典型的には，鉄道や路線バスである。その対義語は，自家用乗用車や自転車といった私的（自家用）交通（private transport）である。
3) 商学の成立・発展期（20世紀前半）における商学の体系化と，その中での商業と交通の関係については，高橋愛典「ロジスティクス研究の方法に関する試論」近畿大学経営学部ワーキングペーパーシリーズ2008-0004号，2008年，11～18頁を参照されたい。
4) 都市内物流に関する近年の文献として，いずれも技術的な観点が中心であるが，谷口栄一（編著）『現代の新都市物流』森北出版，2005年および，苦瀬博仁・高田邦道・高橋洋二（編著）『都市の物流マネジメント』勁草書房，2006年がある。

第 3 章　交通施策による商業まちづくりの支援

5) 　私鉄の多角化戦略とグループ経営を交通論の立場から分析した文献として，斎藤峻彦『私鉄産業』晃洋書房，1993年および，正司健一『都市公共交通政策』千倉書房，2001年が代表的である。
6) 　小林一三による阪急電鉄の多角化については，津金澤聰廣『宝塚戦略』講談社，1991年および，井上理津子『はじまりは大阪にあり』筑摩書房，2007年，300～311頁が明快である。
7) 　一例として，ＪＲ東日本の「エキュート」がある。ＪＲ東日本ステーションリテイリング『ecute物語』かんき出版，2007年を参照されたい。
8) 　高崎の事例については，米浜健人「「渋谷」化する地方都市駅前」荒井良雄・箸本健二（編）『流通空間の再構築』第12章，古今書院，2007年を参照した。
9) 　佐藤信之『コミュニティ鉄道論』交通新聞社，2007年，147～154頁および，土井勉『ビジョンとドリームのまちづくり』神戸新聞総合出版センター，2008年，130～143頁を参照されたい。
10) 　人口集中に対応して軌道系公共交通（とくに地下鉄）を積極的に導入してきた政令指定都市でさえ，軌道系の整備は成熟期を迎えており，交通政策の重点を道路系に移すべき時期にさしかかっている。高橋愛典「公営バス事業改革のキーワード」『都市問題』2007年10月号，93～95頁を参照されたい。
11) 　たとえば，近年わが国に再進出を果たした，スウェーデンの家具量販店イケア（IKEA）は，組み立て式家具を自動車で持ち帰ることを基本とした店舗設計となっている。また，「レールサイド」と称されることのある，ターミナル駅周辺に立地する家電量販店でも，基準以上の大規模な駐車場を用意して自動車での来店に対応する例が見られる。
12) 　同様に，公共交通での来店者に対してその運賃を割引することも，技術的に困難ではない。自動車での来店者に対し，買い物の金額に応じて駐車料金を割引することは，これまでもごく一般的であったが，公共交通に関しては運賃規制が厳格であり，割引施策は難しかった。規制緩和の進展に伴い，公共交通と商業の連携によるさまざまな創意工夫の余地が，ようやく開けてきたといえよう。
13) 　このように，商流（川下から川上へ向かう，注文や代金の流れ）と物流が空間的・時間的に異なることを，商物分離という。苦瀬博仁『付加価値創造のロジスティクス』税務経理協会，1999年，86～88頁を参照されたい。
14) 　バスの計画・運営・運行の３段階とそこでの公（自治体）と民（事業者）の役割分担については，中村文彦『バスでまちづくり』学芸出版社，2006年，第７章および，高橋愛典「地域バス交通における公・共・民のパートナーシップの可能性」『公益事業研究』第58巻第４号，2007年を参照されたい。
15) 　具体的には，市町村が車両を購入し，さらに事業者に運行業務の委託料を支払う（委託料から運賃収入を差し引いた部分が，実質的な補助額となる）ことによって，初期費用と運営費欠損分を負担しているのが一般的である。ムーバスは剰余金が出ているというが，これはきわめて例外的である。
16) 　高橋愛典「交通施策を通じた中心市街地活性化の試み」日本交通政策研究会『社

53

会参加を促すための地方部公共交通政策』(日交研シリーズA-431) 第4章, 2007年, 31~34頁を参照されたい。
17) 叶堂隆三『五島列島の高齢者と地域社会の戦略』九州大学出版会, 2004年, 第9章および, 高橋愛典「バス交通施策を通じた地域活性化の試み」『運輸と経済』2007年3月号, 51~53頁を参照されたい。
18) 奥山修司『おばあちゃんにやさしいデマンド交通システム』NTT出版, 2007年を参照されたい。
19) その基本的な考え方については, 高橋愛典「交・流・通の分化と統合」『高速道路と自動車』2008年5月号を参照されたい。

(高橋　愛典)

第4章

再開発ビル内商業の再生策

1 はじめに－再々開発の必要性－

　多くの労力と公的資金を投じて完成した再開発ビルが年月の経過とともに，建物の老朽化，商店経営者の高齢化，空き店舗の発生等により集客力が低下し，中心市街地衰退の原因にもなっている。かといってスクラップ＆ビルドするにはまだ耐用年数が残っている。そこで再開発ビルのリニューアルすなわち再々開発事業が必要になってくる。

　再開発ビルの多くは駅前か，都心に建てられ，市民および来街者にとっては利便性の高い位置に立地しているといえる。そんな再開発ビルに新しい息吹を与え，再度，「市民の生活拠点」としての役割を担うべき，地域と連携して再々開発事業を推進するプログラムを考察する。

2 再々開発を必要かつ可能な再開発ビルの要件

　老朽化した全ての再開発ビルに再々開発の必要性および可能性があるわけで

はない。

　築年数，商業施設の階数・店舗面積，他用途の複合状況，テナント構成（とくに大型チェーン店が核テナント），空き店舗率，床の所有形態等の状況によって，対応策が多岐にわたるが，比較的事例が多く，再々開発事業の取り組みが急務である下記5つの要件を備えた形態を中心に検討する。

　①　築年数20年以上
　　　大型チェーン店の賃貸借契約が切れる時期で，未だ再投資が可能な年数
　②　商業施設の階数・店舗面積が2フロアおよび10,000㎡以上
　　　外向き店舗のみではなく，大型チェーン店が入店しているまたはしていたいわゆるＳＣ
　③　多用途複合施設
　　　住宅・公共施設等が複合し，店舗の都合だけではスクラップ＆ビルドができない状況にある。
　④　区　分　所　有
　　　一筆共有ではなく，区分登記が原因でリニューアル事業に取り組みにくい状況にある。
　⑤　空き店舗率が10％～50％
　　　空き店舗率が瞬間10％未満は正常域で，50％以上が恒久化すると自助努力だけでは再生が不可能である。

3
推進組織の進化

　事業を円滑に進めるためには，それぞれの段階に相応しい組織を立ち上げ，事業の進展とともに進化させる必要がある。多くは初動期に勉強会・研究会から始め，事業計画を立案するには活性化委員会，そして事業実施の段階では事業手法に適応した事業主体を設立または既存組織を変更する場合が多い。

第4章　再開発ビル内商業の再生策

（1）　勉強会・研究会

　核テナントの契約期間が満了に近づき退店の恐れがあるとか，空き店舗の増加等がきっかけになって，将来に不安を持ち勉強会を始めることが多い。関係者が集まって先進事例の視察研修，実績のある専門家をアドバイザーに招いて定期的に勉強会を開催し，再生の可能性，方向性，事業方法等を検討・研究し，再々開発の方針を出す。

（2）　活性化委員会

　勉強会等で再々開発の方針が出たら，現況実態調査，地権者および店舗営業者の意向調査を踏まえて，個店の活性化等のソフト事業および地域連携の実験事業を実施しながら実現可能な再々開発事業計画を立案する。ここで計画倒れに終わる事例が多い。それは計画立案を外部のコンサル会社に丸投げして，立派な計画案を総会にかけたら否決されたので中止したというのである。計画過程での合意形成が大切で，総論賛成からスタートし，各論の賛成を積み重ねて，少なくとも90％以上の同意が得られる事業計画を総会にかけるべきである。賛同が得られるかどうかの判断は，資金調達とテナントリーシングの見通しである。

　この委員会は計画を立案し合意形成を図ることだけではなく，リニューアル事業のウォーミングアップとして，空き店舗を利用してチャレンジショップを運営するとか，個店の活性化事業を平行して推進する事業主体でもある。

（3）　事業主体の設立

　軽微なリニューアル工事および既存区画に新たなテナント誘致する程度の事業内容であれば，既存の商店街振興組合・協同組合・管理会社で事業推進が可能であるが，区画変更等を伴う大規模なリニューアル工事によるテナントミックス事業を推進する場合は，補助制度等の活用が予想され，適法な新たな組織の設立が必要になる。

　また，補助制度によっては三セクが必須条件であったり，民間から資金調達

する時に信託方式をとる場合はＳＰＣ[1]の設立が必要になり，事業スキームの方針決定は組織のあり方をも規定する。

4 事業推進

(1) 個店の活性化

テナントミックス事業に着手すると当然ながら新たなテナントを誘致することになり，かれらとの競争に負けない営業力をつけておく必要から，個店の活性化を共同事業として推進する。

① 店舗クリニック

開店後長年の営業中に知らず知らずのうちに，品揃えが陳腐化していたり，店舗の雰囲気が時代感覚と遊離していたり，接客サービスが自己中心になっていることがある。そこで，専門家に店舗診断をしてもらい，営業上の弱点を克服し，他店にはない特色を伸ばすきっかけをつくる。

② 消費者モニターによる店舗調査

地権者営業者は営業に自信と誇りを持ち，なかなか専門家のアドバイスを受け入れにくい体質がある。そこで消費者モニターに覆面調査を依頼し，消費者の声に基づいてＳＷＯＴ分析[2]をしながら営業改善を誘導する。

③ 売り場の接客，ディスプレイ，店舗レイアウト指導

店舗クリニックおよび消費者モニターによって明らかになった営業課題について，改善の意思のある店舗に対して，それぞれの専門家による個別あるいはグループで店づくりの研修を実施する。この段階で，意識改革ができず技術習得に不熱心な店主に対して，後述するハッピーリタイアを誘導する必要がある。

④　一店逸品運動

　個店で自慢のできる商品・サービス・メニューを発掘・開発し，ＰＲ誌・ＨＰ等のメディアを通じて宣伝しながら，店頭でＰＯＰ，ディスプレイ等で演出して，来店者に自信をもって販売促進をする事業を共同で実施する。

（2）　新陳代謝の仕組み

　店舗クリニック等を通じてもはや時代の変化についていけないことを自覚した地権者営業者に，リニューアル事業を契機に廃業を誘導し，空いた床をまとめて適正な区画に再配置しながら新たなテナントを誘致して，ＳＣ全体を新陳代謝する仕組みを用意しておく必要がある。地権者営業者のなかには，先祖代々の財産を他人に譲ることに抵抗感を持ち，家賃等の経費がかからないこともあって，収益目的ではなく，生きがい目的で営業を続けている店が見受けられる。路面店舗の場合は余り目立たないが，ＳＣ内で時代に取り残された店舗が混在していると，周辺店舗にも悪い影響を及ぼすことになる。さらに，テナント誘致の障害にもなるので，この新陳代謝の仕組みは重要である。

①　ハッピーリタイア制度

　後継者がいないまま高齢化した地権者営業者が，本人が気付かないままＳＣ全体の陳腐化に加担している事例が多い。そこで，ＳＣ全体の活性化のために床を管理会社等に賃貸し，賃料収入で生活再建を果たす仕組みを用意する必要がある。この時，複数の区画をまとめて店舗面積を拡大すると，集客力のある大型チェーン店を誘致しやすくなる。

②　暖簾分け制度による店主交代

　ハッピーリタイア制度は今までの店を廃業するのに対して，繁盛店の暖簾分けは店主を交代して営業を継続するので，顧客からみれば今までと変わらなく買い物をすることができる。新しい店主の営業方針により，店に新たな魅力が増す可能性もある。

新たな店主として店員等に店ごと譲渡するのと，賃貸する方法があり，また，店員以外にも店主を公募するのも一つの方法である。

（3） 空き店舗対策

　空き店舗状況が長期にわたると回遊性の障害になっているのは勿論のこと，集客力の低下を招き，ひいてはＳＣの経営基盤を脅かすことになる。空き店舗率によってその対応策が異なるが，やはり常時20％を超えると管理費の負担増にもなり危険域である。

　空き店舗対策には，本格的なリニューアル事業に着手するまでの臨時措置としての活用と，地域ニーズに対応した抜本的な対処が考えられる。その場合，新たなテナントミックスによる全館リニューアル事業に着手するのが望ましいが，既にオーバーストアの状況だと，非商業の施設導入も必要になる。

①　チャレンジショップ

　臨時措置としての空き店舗対策事業の定番がチャレンジショップで，意欲のある新規開業希望者に店舗営業のチャンスを与え，軌道に乗るまで一定期間家賃補助をして，店づくり，営業をサポートする事業であり，将来のテナント候補を育てる目的を持っている。また，チャレンジショップの一形態として常設フリーマーケットともいえるBOX SHOPがあり，できるだけ多くの開業希望者に小さな販売スペースを提供し，手作り商品販売（ワゴンセール等）の起業を促進する。

②　都市サービス施設の誘致

　市民の生活拠点として再構築を目指すとき，商業施設以外で都市生活に欠かせない都市サービス施設の誘致が考えられる。代表的な施設としてはクリニックモール，子育て支援施設，金融機関，ショールーム，サテライトキャンバス，ＩＴ産業の事業所，塾，行政サービス窓口等がある。その他，これからの高齢化社会に対応して福祉施設も考えられるが，バリアフリー対策，建築の仕様変

更,構造問題等で改装費が高くなり実現性が低いと思われる。

③ 市民主導のコミュニティ施設の整備・運営

空き店舗をテナントまたは都市サービス施設で埋められない場合,家賃収入は減少するが,市民が集い交流できるスペースを整備し,市民に運営を委任することも考えられる。事例として交流サロン,オープンカフェ,貸し会議室,インキュベーションオフィス,イベントスペース等があげられる。

これらは生活に便利な場所に整備してほしい施設で,市民の要望も強く,補助制度も拡充していることから,再開発ビルのリニューアル時には期待される施設である。

④ 直営事業

空き店舗を解消する手立てを色々講じても,結果として埋まらないことが多々あり,放置できない場合の最後の手段として床所有者による直営事業が考えられる。事例としてカフェの営業,物販の消化仕入れ販売,アミューズメント施設営業等があるが,あくまでも臨時的措置で,余り長期化するとSC全体の集客力低下に繋がる。

しかし,一旦空き店舗状態が長期化すると,よっぽどの出店条件を下げない限りテナント誘致は困難であり,小面積の実験店舗営業から実績を積んでいきながら営業面積を拡大していく展開が不可欠になる。今後,空き店舗対策支援施策として直営事業を対象にするのも一案である。

(4) 地域との連携

郊外に立地する大型SCとの差別化を図り持続的に発展するには,地域住民,行政,地元企業等との連携を深め,彼らの生活・事業を支える存在になる必要がある。そのために彼らのニーズを把握し,施設整備・運営に反映していく継続的なソフト事業を実施する。

① ワークショップとフォーラムの開催

　地域の自治会，まちづくり協議会，ＮＰＯ法人，大学，商店街の人たちが参加するテーマ別のワークショップを継続的に開催し，最後に各グループ推薦のスピーカーによるフォーラムで意見交換を行う。そのなかから地域のニーズを発掘し，集約する。

② 地域交流イベントの開催

　集客および販促を主目的のイベントではなく，ＳＣのパブリックスペースを提供して地域の人々が交流できる場と機会を演出する。企画・準備段階からコミュニケーションを深め，普段は商業者と顧客の関係だけど，この日ばかりは同じ地域住民としての誇りを共感でき，彼らにとってこのＳＣが，自分達の安全で安心の暮らしを支えてくれているという信頼関係を築くのが最終の目的である。

③ 地域ＳＮＳの活用

　インターネットを活用して地域ＳＮＳ[3]を立ち上げ，地域の消費者と商業者とがネット上で情報交換し，消費者ニーズにあった品揃え，顧客サービス等に改善するようにする。さらに進化するとウエブ商店街での商いが可能になる。商店街にとっては地域商圏の囲い込みになるし，地域住民にとっては御用聞き代わりに利用することも可能になる。これからの高齢化社会に対応したビジネスモデルとして注目されるだろう。

（5）　床の統合による一体的管理運営

　再開発ビルは市街地再開発事業によって建てられたビルで，区分所有形態と潜在的に権利者意識が残っている等によりバラバラなビル運営になりがちで，なかなか一体的運営が困難な状況が多く，その課題解決の方法として所有と営業の分離を図り，床の統合による一体的管理運営がある。

第4章 再開発ビル内商業の再生策

① ＳＣ機能から見た再開発ビル内商店街の組織的弱点

再開発ビル内商店街は文字通り，ビルの中に商店街が入っただけで，商業デベロッパー機能を有しているわけではない。ＳＣとの違いは個店が区分所有という形態から起因する，次の組織上の制約を持っていることである。

- 地権者全員で構成されている管理組合は共用部分の管理を目的としており，専用部分に対する規制は例外を除いて法的に根拠がなく，共用・専用部分にかかわらず施設全体の統一的な運営は困難である。
- 商店街振興組合は主に中小企業テナントで構成され，しかも全店舗の加盟義務がなく，全体を統一できるような事業は困難である。
- 両組合とも議決権は平等であり，革新的な合意形成に時間がかかり，戦略的な意思決定がしにくい。

図表4－1　再開発ビル内商店街の一般的形態

管理組合→管理会社				
不動産会社（生保等） 開発会社（三セク等） 核テナント テナントミックス	地権者自営	地権者自営	地権者 テナント	地権者 テナント
			振興組合	

② 再開発ビル内商店街の一体的管理・運営システム

再開発ビル内商店街の形態的欠陥を克服し，消費者のニーズおよび時代の変化に対応した管理・運営を推進するには次のようにＳＣ運営会社を設立し，所有と営業を分離したうえで，ストアマネージャー等専門職による顧客対応型の営業システムが不可欠である。

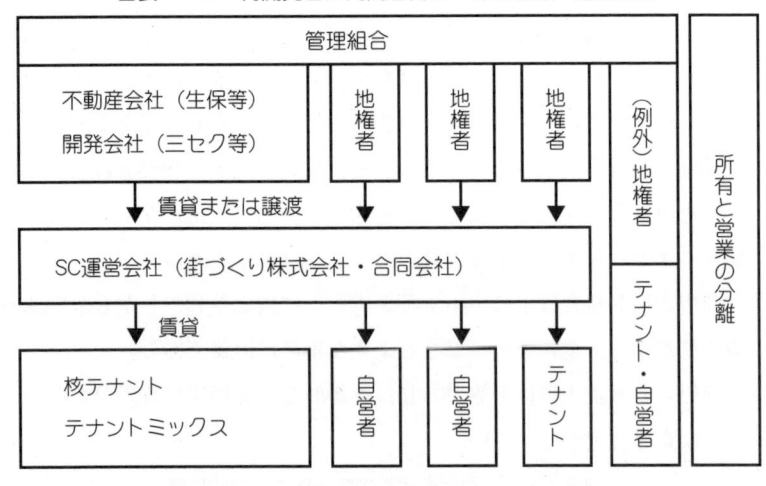

図表4-2 再開発ビル内商店街の一体的管理・運営組織

```
                         管理組合
┌─────────────────┬─────┬─────┬─────┬─────┐ ┌───┐
│ 不動産会社（生保等）│地権者│地権者│地権者│（例外）│ │所有と営業の分離│
│ 開発会社（三セク等）│     │     │     │地権者 │ │   │
└────────┬────────┴──┬──┴──┬──┴──┬──┘ │     │ │   │
    賃貸または譲渡 ↓    ↓    ↓    ↓    │テナント│ │   │
┌─────────────────┐   │    │    │    │・自営者│ │   │
│SC運営会社（街づくり株式会社・合同会社）│ │    │    │    │     │ │   │
└────────┬────────┘   │    │    │    └─────┘ └───┘
       賃貸 ↓          ↓    ↓    ↓
┌─────────────────┐ ┌───┐┌───┐┌───┐
│ 核テナント         │ │自営者││自営者││テナント│
│ テナントミックス   │ │   ││   ││   │
└─────────────────┘ └───┘└───┘└───┘
```

　例外は必ずしもSCとの一体的営業をする必要のない店舗として，たとえば銀行，パチンコ，夜間営業のスナック等があげられる。ただし，必要があれば会社への出資，役員の就任を拒むものではない。

③　SC運営会社設立

　SC運営会社は管理会社と違って，自ら不動産を所有または賃借して，主にテナントからの家賃収入により成立する会社であり，利益なしでは持続しない。したがって会社設立時には将来にわたっての事業収支をシミュレーションした上で，計画的な投資計画，資金調達が必要になる。

　この時，既存の管理会社，場合によっては商店街振興組合との関係を整理する必要があるが，すべての業務をSC運営会社に統合して解散するか，管理会社だけを残して管理組合業務の代行を担うことも一案である。また，このSC運営会社を中小商業者が中心になって設立し，商店街振興組合同様に中小企業振興法の認定を受けられる形態にして，行政等の支援が得られるようにしておくことも可能である。ただ，中小商業者にはPM[4]能力がなく，会社経営の実務はプロに任すべきである。

第4章 再開発ビル内商業の再生策

④ 床の統合による一体的管理・運営の条件

　再開発ビルのＳＣを一体的に管理・運営するためには対象床を全て支配することが前提になり，そのためには取得するか賃借するかどちらかが必要であり，その比率によって初期投資額が変わってくる。将来にわたって安定的に経営するには所有床が多いほうがよいが，資金調達のハードルが高い。信託方式による資金調達の方法も考えられるが，地権者の同意が得られにくいことと，事業採算の点で成立が難しい。国の中小企業支援施策である高度化融資の選択肢もあるが，県の意向および定められた手続きを期間内に完了するのに一苦労する。条件が合えば，国の補助金も期待できる。どちらにしても計画的なゾーニング，店舗配置，テナントリーシングが可能な仕組みが必須条件である。

　また，リニューアル開店後において，時代の変化に対応したＳＣ営業を実現するために，営業状態を把握できる売上管理と，ストアマネージャー（常駐に拘らない）を採用し，適正なテナントミックス，個店の活性化をサポートできる体制にする。

⑤ テナントマネジメント

　ＳＣの持続的発展を支えるのは元気なテナントであり，消費者のニーズに応える最適なテナントミックスとテナントマネジメントがＳＣ運営会社の最大事業であるといっても過言ではない。

　課題は地権者テナントとの業種・配置調整と新たなテナント入店の経済条件設定であろう。前者は再開発事業時の権利者意識を排除し，リニューアル事業着手時にＳＣ全体の繁栄を基準に判断することを予め認めさせることが重要である。後者のテナント入店経済条件について，チェーン店サイドでは昨今は売上歩合制が多く，しかも管理費，販促費等全て込みの家賃支払いを求めてくる。商業デベロッパーにも売上増の機能を要求している表れである。ただ，この時，工事費および共益費の負担区分を明確にして置くことと，売上効率を上げる仕組み（共益費等一部の経費負担を面積比にする）を経済条件に内包していないとＳＣ運営会社の経営は厳しくなる。

（6） 活用可能な補助制度

　補助制度は要件に合っておれば補助金を交付する施策誘導策の一種であるが，再々開発事業は再開発事業に比べて公共性が弱く，固有の補助制度はなく，中小企業振興の視点か，中心市街地活性化のモデル事業に該当しないと補助対象にはならない。

　① 勉強会段階

　勉強会の講師（専門家）を派遣する制度として，中小企業基盤整備機構の商業活性化アドバイザー派遣事業と，県中央会の専門家派遣事業等がある。

　② 委員会段階

　勉強会・研究会でリニューアル事業の方針が決定されると，事業計画を作成する費用に対して，都道府県単位で活性化基金事業のテナントミックス計画策定事業がある。事業経費の2分の1が補助される。

　③ 事業化段階

　活性化基本計画認定地域内で施行されるリニューアル事業に必要なハード事業およびソフト事業に対して，戦略的中心市街地（中小）商業等活性化支援事業補助金がある。特定民間中心市街地活性化事業計画に基づく場合は3分の2，それ以外は2分の1が補助される。

　活性化基本計画認定地域以外では，ほぼ同じ補助制度として中小商業活力向上事業がある。

　事業化段階での補助金は事業費の軽減効果もあるが，目標となる事業内容を明確にすることと，事業収支計画，事業効果等の計算を求められ，事業推進の枠組みを組み立てるのに有効な点と，計画的な事業推進の動機付けにもなる。

5 再開発ビルの再生事例

　再開発ビル再生の要因およびきっかけは多々あるが，最も多いのは核テナントの退店であろう。さらにそのことが起因して管理会社の倒産に至った事例も少なくない。佐賀市の「エスプラッツ」の場合は複数の大型専門店（書籍・食品スーパー）の退店が起因して管理会社が倒産に追い込まれている。宝塚市の「逆瀬川アピア」の場合は核テナントの退店後，床の所有会社が再度テナントリーシングを試みたがうまくいかず，結局地元商業者がまちづくり会社を設立して再生事業に取り組んでいる。尼崎市の「立花ジョイタウン」の場合は，隣接地に新たな再開発ビルが竣工する時に，核テナントの食品スーパーがそちらに移転したことにより集客力が著しく低下，廃業に追い込まれた自営業者が床をまとめてテナント誘致を行っている。

（1）　佐賀市「エスプラッツ」

　道路整備を目的とした再開発事業によりエスプラッツは1998年4月に開店したが，テナントからの家賃収入が売上げに連動しているにも関わらず，コストの共益費および地権者への支払家賃は固定で，テナントの売上げが当初計画より大幅に下回ったために赤字が続き，改善の見通しが立たないという理由で，三セクのまちづくり会社は2001年7月に倒産した。その後一部のテナントが営業を続けていたが2003年2月には完全閉鎖した。当初市は再建に消極的であったが，県都の中心部に建つ幽霊ビルを放置できないと見て，2筆の区分床を取得し一筆にし，民間に公募により売却を試みた。市内の総合飲食業者がウエディングをテーマにしたレストランコンプレックスを計画し，当時のリノベーション補助金を申請したが，自己負担分の資金調達ができず断念した経緯がある。民間による再建が困難であると判断した市は，市民アンケートで要望の多かった，食品スーパーと市民サービス窓口，子育て支援室，観光交流サロン等を整備して，2007年8月に4年半振りに再オープンさせている。権利変換の仕

組み，再開発事業の採算を合わすための価格で保留床をまちづくり会社に処分せざるを得ない再開発事業の仕組みが，経済合理性に合致しなかった事例である。しかし，再建の見通しも立たない三セクに補助金をつぎ込むより，法的整理手段で，市民が求める都市施設が整備されたことは結果的には良かったのではないか。

（2） 宝塚市「逆瀬川アピア」

1987年3月に駅前再開発事業としてオープンしたが，途中，核テナントが百貨店業態から大型専門店へ業態変換したことと，周辺地域に相次いで大型ＳＣがオープンしたため，退店および倒産等により空き店舗が続出し，危機感を抱いた商業者が中心になって2002年から勉強会を開催して対策に取り組み始めたが，2006年6月に核テナントが退店し，急遽，対策協議会を立ち上げて大型空き店舗対策事業に着手している。当初は信託方式で床を統合しようとしたが地権者の合意が得られなかったために，補助制度を活用したまちづくり会社方式で事業スタートをしている。補助制度のもつ事業スキームをコアに，区分所有者で構成される施設部会，営業者で構成される名店会そしてまちづくり会社の共同事業フォーメーションで事業をすすめている。ただし，活用した補助制度は改正中活法に基づくもので，単なる商業の活性化を目的とした事業では対象にならず，衰退している中心市街地に生活拠点を整備し，地域住民の生活ニーズに応えるとともに，コミュニティ活動を支援することにより，中心市街地の活性化に貢献することを求めている。

旧法の基本計画では観光による中心市街地の活性化を描いていたために，歌劇，温泉，ファミリーランドが立地する宝塚駅周辺を対象にしており，逆瀬川地区は入っていなかった。しかし，改正中活法では市民力による中心市街地の活性化を目指し，地域商業の拠点であり，市民活動の活発な逆瀬川地区を追加した。宝塚および宝塚南口地区を広域観光の拠点，逆瀬川地区を市民生活サービス拠点として位置づけ，アピアのリニューアル事業とコミュニティ拠点の整備事業をリーディングプロジェクトとして基本計画に盛り込んでいる。

活用した補助制度は経産省の戦略的中心市街地商業等活性化支援事業補助金のうち，大型空き店舗に不足するテナントを誘致するテナントミックス事業で，アピアのリニューアル事業スキームと合致していた。ＰＭ機能をもったまちづくり会社が，大型空き店舗の床を取得し，合わせてテナントミックス対象の店舗床を取得または賃借して，リニューアル工事を施工しながら，適正な配置計画に基づき新たなテナントを誘致することを求めている。その時，新たな集客力のある大型専門店を誘致するために，既存権利者店舗の再配置とそれに伴う移設工事を行っている。このことが再々開発事業といわれるゆえんであり，再開発ビル再生事業の困難さを内包している。

（3） 尼崎市「立花ジョイタウン」

立花ジョイタウンはＪＲの駅前広場を整備するために，1980年に竣工した。Ｂ１階に核テナントとして食品スーパーが入店したが，２期事業として2000年に完成した再開発ビル「フェスタ立花」に移転したために，集客力が低下し，自営業者が高齢化したこともあり，共同で不動産運用の可能性を検討し始めた。開店25周年を迎えた2005年に活性化委員会を立ち上げ，県の補助制度を活用してテナントミックス計画を作成した。その先導的事業として2008年に１階の５店舗がまとまって１区画にして，ファーストフード店を誘致した。一斉リニューアル事業の着手には権利調整およびテナントリーシングに時間がかかるので，できるところから順次新たなテナントを導入して活性化を図っていく事例である。

6
まとめ－まちづくり会社によるビル内商店街再生－

商店街の空き店舗はシャッター通りと称して社会問題として取り上げられる機会が多いが，再開発ビル内商店街の空き店舗問題は余りクローズアップされていない。それはボリュームの差が起因していると思われるが，再開発ビルの

場合は現状，課題，解決法等を論じるには余りにも要素が多く，一般的には取り組みにくい分野である。行政の支援も所轄官庁のハザマにあり余り期待できない。

逆瀬川アピアは中心市街地活性化法に指定された特殊な事例で，どこの地域でも応用できる手法ではない。事業推進のための動議付けとして補助金制度は有効であるが，再開発ビル再生を目的とした補助金制度が確立されているわけではない。しかし，所有と営業を分離するために，床を統合して一体的管理・運営システムを構築後，リニューアル事業に取り組む事業の進め方は変わらない。

最近不動産の証券化システムを活用して，商店街の遊休資産を一元管理し，新たなテナントを誘致する動きが出てきている。その時にまちづくりの視点をもったまちづくり会社を設立し，地域と連携した運営が求められているが，再開発ビル内商店街にもその手法を適用し，全国の空き店舗を抱えた再開発ビルが再生されることを期待している。

注

1) Special Purpose Company の略称で一般に，特別目的会社と訳され，不動産をはじめとした資産を証券化するために設立される有限会社や株式会社のことを指す。
2) 経営分析を行うときに使用される分析手法で，外的環境に潜む機会（O＝opportunities），脅威（T＝threats）を検討・考慮した上で，自社の強み（S＝strengths）と弱み（W＝weaknesses）を確認・評価し，経営に活かす。
3) Social Networking Service の略称で人と人のつながりを促進・サポートする，コミュニティ型のWebサイト。
4) Property Management の略称で，店舗，事務所等の不動産を管理・運営する業務をいい，ビルメンテナンス，テナントの賃貸業務，修繕業務により構成される。

（神戸　一生）

第5章

まちづくりとライフスタイルセンター

1
はじめに－多様化するＳＣ開発－

　アメリカのショッピングセンター（ＳＣ）の開発動向は，2000年ごろまではエンクローズド型モール（大規模閉鎖型モール）の開発が活発に行われてきたが，2005年以降はこのタイプのＳＣはほとんど開発されていない。代わってライフスタイルセンターと呼ばれるまちづくり型ＳＣの開発が活発化してきている。これまでのＳＣは商業機能だけの単独機能開発であったが，ライフスタイルセンターは商業機能以外の都市機能との複合的な開発が多くみられる。また既成市街地での開発も行われ，街並み形成の中核的なＳＣとなっている例も多い。
　そこで本章では，日本でもバズワード的に用いられるようになったライフスタイルセンターというＳＣ業態を明らかにし，日本での中心市街地における疲弊した商店街に替わる商業機能と成り得る可能性があるかを検証する。

2
中心市街地再生の変遷

(1) 商店街再生の終焉

　これまで数十年にわたり商店街の活性化や再生が，国・地方自治体による施策として取り組まれてきた。しかし，今日まで投下された人的・物的資本に対するふさわしい効果は乏しく，商店街の再生はもはや困難であるとの見方が多数を占めている。とくに日常生活に供するような利便性の高い近隣型商店街では，再生不可能な原因が商店街の店主の高齢化や店主の後継者不足という内包的な問題だけではなく，ＰＯＳやＳＣＭといった在庫調整機能などの生産性に大きくかかわる問題によるところが大きい[1]。この生産性にかかわる問題の登場により，これらを取り入れることができるか否かが勝敗を決定づけたといっても過言ではない。その他さまざまな問題が複合化して近隣型商店街を構成する大多数の商店は再生不可能な状況に陥り，商店街全体としては再生不可能な状態となっている。そして商店街の衰退は商店街を含む中心市街地全体の面的衰退へと進行している。

　このような再生不可能な商店街を，再生不可能なコミュニティを意味する限界集落になぞらえ，筆者は"限界商店街"と呼ぶ。限界商店街の一例をあげると，商店街の一部では店舗数（会員数）の減少などにより，アーケードの維持管理費用の捻出が困難な状況にあるという。ある調査によると，アーケードの設置後20年以上が経過した商店街は46％に達する[2]。アーケードの老朽化により，補修，改修，撤去の選択が迫られている。補修，改修のためには多額の費用が必要となる。商店街の店舗数は年々減少するために，アーケードの補修，改修となれば1店舗当たりの負担額が増加する一方である。であれば，せめて撤去ができる現時点で撤去をすすめようとする動きもある。これはまさに再生不可能な商店街である"限界商店街"ではないだろうか。限界商店街では，商店街とは名ばかりのシャッター通りとなるか，商業機能としての商店街の再生を諦めて順次住宅地などとして転用を図るかなどを歩むこととなる。あるいは

第5章　まちづくりとライフスタイルセンター

商業機能として再生を図るのであれば，これまでとは異なる画期的な方法を用いなければ，いずれは限界商店街とならざるを得ないのではないだろうか。

　従来から行われてきた商店街の活性化策や再生策ではもはや活性化や再生はできないという一定の答えがでていることから，これまでとは異なる商店街の活性化・再生方策を模索する必要がある。そのひとつとして，現在アメリカでのショッピングセンター開発の主流となっているライフスタイルセンターがヒントとなるのではないだろうか。

（2）　まちづくり三法改正の背景と都市再生へのシフト

　わが国では2005年をピークに人口減少となり，人口減少と高齢化社会へと本格的に突入した。当然に自治体の税収面では減少が予想されることから，持続可能な都市経営が要請されている。自治体にとっては，将来的に発生するインフラ整備・維持コストなどを含め維持可能な都市構造のあり方が問われている。2007年に施行されたまちづくり三法は，これまでの成長期とは異なるまちづくりのあり方を実践する契機となった。

　まちづくり三法の背景をみるためには，都市の郊外化の経緯を整理すると理解しやすい。都市構造の郊外化シフトについては，1960年代半ばから人口増加に伴う宅地需要に応えるために，都市部では中心市街地から郊外部へと外向的にニュータウンとして新都市が建設されてきた。また地方都市においても交通量の増加による郊外へのバイパス整備に伴い，都市のさまざまな機能の郊外化が進行した。いずれの規模の都市においても，中心市街地の地価の高さを背景として，住宅や事業所，商業店舗の郊外化が進行し，さらには庁舎や総合病院，学校などの公共施設までが郊外へ移転している。都市構造的にみると中心部から郊外へ向けての外向的な都市整備が行われてきた。しかし，2005年をピークに人口減少に転じ，宅地需要も縮小したことから，今後は新都市による宅地拡大の必要性はなくなる。それどころか中心市街地や郊外を問わずマクロ的には土地需要は縮小することになる[3]。郊外化したインフラ維持のための財源の減少も予想されている。そのような中で，これまでの成長主義による都市政策か

ら，成長管理による持続可能な都市政策が求められている。さらに進行する人口減少・少子高齢化社会に対応できる適切な都市機能の配置が求められている。まちづくり三法改正は，外向的新都市建設から内向的都市再生へと資本を誘導する分水嶺的な出来事でもある[4]。

このような背景のもと，都市再生の方向性のひとつがコンパクトシティの都市思想である[5]。コンパクトシティは持続可能な都市を実践するために，投資を既成市街地に誘導し，既存の都市施設を有効活用する。一方で郊外のスプロール型開発を抑制し，都市全体として高度な都市空間を追求する考え方である。ある意味でストックの有効活用策である。こうした観点から見ると，まちづくり三法改正は，都市全体を俯瞰したうえでの，ストックの有効活用策の推進施策と見ることもできる。

既成市街地の商業機能のストックは，言うまでもなく商店街である。その商店街自身は，前項で述べたように，これまで数十年にわたって商店街の再生が行われてきたが再生は終焉した。そこで，これまでとは全く異なる方法として，まちづくり型ショッピングセンターと呼ばれているライフスタイルセンターに活用策が秘められているのではないだろうか。

それではつぎにアメリカでのショッピングセンターの開発動向を見たうえで，ライフスタイルセンターについて述べることにする。

3 アメリカでのショッピングセンターの開発動向

（1） 主流となる大型ＳＣでのオープンエアー型開発

アメリカでのショッピングセンターの総数は，2006年時点で7万2,904か所で，そのうちG.L.A（総賃貸面積）が40万スクエアフィート（37,200㎡）以上のRSC，SRSCは2,516か所である[6]。

データからもわかるように，SC同士の過当競争となっている。また小売販売額に占めるＳＣでの販売額は75％を超えている。アメリカにおいてはショッ

第5章　まちづくりとライフスタイルセンター

図表5－1　アメリカでのショッピングセンターの規模別構成（2006年）

規　模　別	ＳＣ数	構成比
ＮＳＣ（ＧＬＡ100,001sf未満）	72,904	80.3%
ＣＳＣ（ＧＬＡ100,001～400,000未満）	15,366	16.9%
ＲＳＣ（ＧＬＡ400,000～800,000未満）	1,669	1.8%
ＳＲＳＣ（ＧＬＡ800,000以上）	847	1.0%
合　　計	90,786	100.0%

出所：'U.S. Shopping Center Industry at a Glance' "RESEARCH REVIEW, VOL. 14"；ICSCを加工

ピングセンターの動向が，商業全体の動向であるといって過言ではない。

　アメリカでのショッピングセンターの歴史を見ると，その嚆矢は1916年にオープンしたシカゴ郊外のMarket Squareとされる[7]。第2次世界大戦後の1945年以降，大量に帰還した復員兵のために建設された郊外型住宅地の商業機能として本格的なＳＣ開発が始まった。現在の日本で見られるイオンモールやアリオなどのようなエンクローズド型ＳＣは，アメリカでは1950年代から開発が始まり，1960年代には全盛期を迎えていた。日本の現在の潮流が50～60年前にはアメリカで起こっていたことになる。そして，エンクローズド型ＳＣの誕生から半世紀を経た現在のアメリカではＲＳＣ，SRSCが2,516ヶ所（2006年）にものぼり過当競争となっている。

　このような状況の中でＳＣ開発デベロッパーとしては，ＳＣ業態の差別化の手段として，これまでのＲＳＣやSRSCとは異なるタイプのＳＣを渇望され，まちづくり型のライフスタイルセンターが開発されたとされる。生活者側からはエンクローズド型ＳＣとは異なる業態としてまちづくり型ＳＣが歓迎された。一方で，ＳＣへ出店するテナント側からはエンクローズド型とは異なる新たな出店先として歓迎されたと同時に，オープンエアー型であるために共用部分のメンテナンスコスト負担などが軽減されることから歓迎された。現在開発される大型ＳＣ開発ではエンクローズド型ＳＣの開発はほとんど行われなくなり，オープンエアーのライフスタイルセンター型の開発が主流となっている。

ICSCがまとめた2005年から2009年までに新規開業する大型ＳＣの形態を見ると次のようになっている[8]。

2005年に開業した7ヶ所のＲＳＣ/ＳＲＳＣのうち4ヶ所がオープンエアー型ＳＣ。2006年に開業した5ヶ所のＲＳＣ/ＳＲＳＣのうち4ヶ所がオープンエアー型ＳＣ。2007年に開業した10ヶ所のＲＳＣ/ＳＲＳＣの全てがオープンエアー型ＳＣ。2008年に開業(予定)のRSC/SRSCのうち5ヶ所のRSC/SRSCの全てがオープンエアー型ＳＣとなっている。すべてがライフスタイルセンターといえるかどうかは不明であるが，少なくともエンクローズド型ＳＣの開発からオープンエアー型ＳＣへと開発動向が変化していることがわかる。それではライフスタイルセンターとは，どのようなＳＣであろうか。

（2） アメリカでのライフスタイルセンターの定義

ICSC（International Council of Shopping Centers：国際ショッピングセンター協会）によると，アメリカでのライフスタイルセンターの定義の要約は次のようになっている[9]。

- 住宅地の近隣に立地している。
- 顧客に"ライフスタイル"を提供している
- オープンエアー形態である
- 少なくとも5万スクエアフィート（4,650㎡）で，高級感のあるナショナルチェーンの専門店で構成されている。またスペシャリティ百貨店が入る場合もある。
- レストラン，エンターテイメント，噴水やストリートファニチャーによる環境づくりにより，多様なレジャー目的での来訪にも対応している。

ICSC（国際ショッピングセンター協会）によるアメリカでのライフスタイルセンターの定義は大掴みのところがある。従来からのＳＣ業態であるネバーフッド型ＳＣ（ＮＳＣ）であればスーパーマーケットが1店舗，またリージョナル型ＳＣ（ＲＳＣ）の場合はフルライン・デパートメントストアなどが2店舗以上と，明確な定義が行われている。ライフスタイルセンターの場合は，全体的な規模

においては15万（13,950㎡）～50万（46,500㎡）スクエアフィートと幅が広く，また核店舗の種類や数はＮＳＣやＲＳＣのような典型的なＳＣのように定義されていない。これはライフスタイルセンターというショッピングセンター業態が現在進行形であることを示し，明確な定義がされるためにはもう少し時間を要するであろう。

（3） ライフスタイルセンターの特徴

これまでアメリカで開発されたライフスタイルセンターの事例や先行研究から，現時点でのライフスタイルセンターは従来型のＳＣのように核店舗の種類，これに伴う専門店の数や種類，全体規模による分類ではなく，「まちづくり的な機能」を有するショッピングセンターということができる。六車（2007）によると，ライフスタイルセンターは商店街の良さを取り入れたＳＣとしている。ヨーロッパの市場や日本の商店街の機能を，アメリカ的にシステム化されたＳＣに組み入れたものをライフスタイルセンターとしている。そのうえでライフスタイルセンターの機能を次のように表している。

① 自然環境，建築デザイン環境，体験環境と融合したＳＣ
② 人とのふれあいのある，地域密着性と融合したＳＣ
③ 生活提案性と融合したＳＣ
④ 街づくりと融合したＳＣ

ライフスタイルセンターは従来型ＳＣとの差別化要因である①～④までの機能を付加させたＳＣであるとする[10]。筆者もライフスタイルセンターの特徴はこれを踏襲するものとし，さらに「まちづくり」的な観点からは次のように考える。

A） 商業以外の機能との親和性が高い

一般に都市を構成する機能は，商業機能だけではなく，住宅機能，行政機能，教育・文化機能，医療・福祉機能などの複合によって構成されている。これまでのＳＣは，都市機能の中でほぼ商業機能だけを担う単

独機能であった。ライフスタイルセンターは，商業機能を主体としながら商業機能だけではなく，住宅機能，市役所などの行政機能，大学などの教育・文化機能，さらには医療・福祉機能などあらゆる都市機能と複合されている。

B） 外部に広がる可能性（街区効果の可能性）

　ＳＣは，一か所であらゆる購買が可能であるとするワンストップショッピングが特徴である。それゆえに，これまでのＳＣは１敷地で完結する点型開発であった。ライフスタイルセンターは街並みやメインストリートのような配置やデザインをすることにより，開発されるＳＣ区域以外にも面的に広がる可能性がある。

　このような特徴からライフスタイルセンターはまちづくり型ＳＣであり，商業機能を中心に都市機能を集約し，面的街区を形成する可能性を有している。中心市街地のなかに違和感なく溶け込むことができる。この点がこれまでのＳＣとの相違点であり，これまでの中心市街地で点型開発である商業開発との相違点でもある。アメリカの事例では中心市街地に違和感なく埋め込むインフィル型開発が行われており，その基底にあるのはライフスタイルセンターである。既成市街地に違和感なく埋め込むことができるのも，既成街区との機能的な親和性や面的に広がる可能性があるからではないだろうか。

　それではつぎにライフスタイルセンターの特徴を活用した，既成市街地の活性化について検討する。

4 ライフスタイルセンターの活用による中心市街地の再生

（1） これまでの点型ＳＣ開発

　ショッピングセンターの特性のひとつは，一か所で物販から飲食までのさまざまな品揃えが取り揃えられたワンストップ型の消費空間である。ＳＣ一か所

第5章　まちづくりとライフスタイルセンター

で買い物から娯楽までを済ますことができる空間である。ＳＣの機能的な理論からは，ワンストップショッピングを否定するものではない。ワンストップショッピングは，ＳＣの購買行動に非常に有効な考え方であり，これからもこの考え方は崩れるとは思われない。

　しかし，まちづくりにおいては次のような問題が生じることも事実である。現在開発されているＳＣは，ＳＣへ来訪しＳＣ一か所だけに滞在する外部とは隔絶された消費空間である。また施設の建築形態も外部の街並みとの連続性などもあまり考慮されていないものが多い。このようなことから，これまでのショッピングセンター等の開発は，街全体から見ると点型開発であるといえる。地方都市の郊外部では，郊外の田園地帯にＳＣを外科的に移植したような，また既成の市街地においてもＳＣを外科的に移植したような点型開発である。これはＳＣ開発だけに当てはまるものではなく，複数の商業者により構成される都市部での再開発ビルにも当てはまる。

　開発者側の立場からは施設内部の構成をワンストップショッピングとして充実させ，顧客の滞留時間を高め，施設での消費金額を増加させると考えることは当然である。しかし，街全体の観点からは，隣接地との関係や街並みとの関係など街区全体との連担性にも配慮されなければならない。点型開発が1点で終わることなく，街区全体の面的活性化が可能となるような施設構成の外向性が必要となる。街全体の動態的な変化から考えると，ＳＣなど点型開発が呼び水となり，続いて面的な活性化が行われなければ街全体の活性化にはならない。

　かつて1970年代には，大型店の出店のために商店街が衰退するといわれた。商店街が衰退している現状で，大型店が街から撤退することで商店街の衰退が決定的なものとなり，街全体が衰退する都市の例は多い。既成の市街地においてＳＣの開発や再開発ビルによる商業施設ができ，これが時流に乗り活況を呈しているときには，外科的移植型の点型開発だけでも良いかもしれない。ピークを過ぎて衰退傾向となると，街全体から移植後の拒絶反応が起こってくる。これが街全体から見たときの，駅前から大規模店舗が退去した後の空洞化問題ではないだろうか。移植をしてうまく全体が機能しているときは問題が潜伏し

ている。全体が回復しているかのように見える。しかし，移植した装置の有効期限が切れたときには，潜伏していた問題が一挙に噴出する。結局は移植した装置は一時的に有効であっただけで，街全体とは同化していなかったのではないだろうか。

これとは反対に，大型店や話題店の出店がきっかけとなり，徐々に街全体が面的に活性化している都市の例もある。そこで，街全体の活性化方策について，街全体の動態的な変化の視点も織り交ぜて展開することとする。

（2） 面的開発の手法であるジェントリフィケーション

まちづくりにおいて，とくに都市計画分野から都市再生の手法としてジェントリフィケーションがいわれている。ここではジェントリフィケーションのメカニズムを明らかにするとともに，これからのまちづくりへの活用を検討する。

小長谷(2005)によると，ジェントリフィケーションとは，①新しい産業部門に従事するなど，新しいワークスタイル・ライフスタイルをもつ，②年齢的には若い人たちが都市中心部などにある衰退した街区に魅力を感じて居住・就業を始めることによって，③地域が活性化することをいう[11]。まちづくりにおいてＳＣ開発や再開発ビルなどによる開発を外科治療的で点型開発とすると，ジェントリフィケーションは内科治療的で面的な再生となる。また人工的な開発に対して自然再生でもある。

ジェントリフィケーションのメカニズムについては，小長谷(2007)でニューヨークとサンフランシスコでのＩＴ産業による都市内小地区の再生のメカニズムとして一般化されている。これをもとに筆者は商業的な視点からジェントリフィケーションについて，メカニズムの一般化を試みることとする。

【条件①＝中心部付近での空洞化・低利用エリア】

中心部域内でも商業集積は面的に均一に広がっているのではなく，中心部付近だけに突出して集中している。商業の中心地付近であるにも関わらず，道路を１本隔てるなどの何らかの理由で，空洞化している低利用地域がある。

第5章　まちづくりとライフスタイルセンター

【条件②＝中心部付近での低地代エリア】
　またそもそも産業的にも住居としても利用されていない空洞化した地域であったからこそ，中心部付近であるにも関わらず，比較的地代も低いところである。

【要素①＝中小・ローカル資本の小規模商業者の参入】
　新規に店舗を開業したい者にとっては，商業の中心地に出店したいのは山々である。しかし，地代が高いために開業できない。このような新規参入者にとっては，都市の拠点付近，商業の中心地付近で比較的地代の安い地域であれば開業コストが低く抑えられるために参入しやすい。したがって，ジェントリフィケーションの初期段階の顔ぶれは，商業の中心地には参入できない中小商業者やローカル資本の商業者が多く見られる。

【要素②＝大手・全国資本の大規模商業者の参入】
　空洞化していたエリアに新規参入者の入植により街が活況を呈してくると，新しい商業地域として認知され，大手・全国資本の商業者が参入する。新しい商業地域はさらに認知度を高め，やがてもとの商業の中心地と肩を並べる地域となる。このようになると地代が上昇し，ジェントリフィケーションの初期段階の顔ぶれである中小やローカル資本の商業者は追い出される場合もある。

　また大規模商業者は，小規模商業者など（要素①）による活性化が起こる前に，商業の中心部では出店する敷地が少ないことや，中心部では地代が高いことなどの理由により，中心部を避けて地代が安い（条件①），空洞化エリア（条件②）に出店する場合もある。したがって，要素①と要素②は順不同と考えられる。

（3）　面的開発の誘因となる点型開発
　これまでも都市は面的に発展してきた。疲弊した商店街・中心市街地の一部分の開発として，ライフスタイルセンターを導入し，そのライフスタイルセン

ターを誘因として街全体の面的開発ができないだろうか。疲弊した商店街・中心市街地は，おおむね先述の【条件①】【条件②】が当てはまる。そして面的な活性化であるジェントリフィケーションを起こすべく【要素①】【要素②】を組み合わせ，街の面的な活性化が行われないだろうか。このような試みはこれまでも行われてきている。中心市街地に大型店が進出し，結果的に大型店の周辺が小規模店舗によって面的に活性化した例はたくさんある。

　一般的には先に指摘したように，これまでの中心市街地でのＳＣ開発や再開発ビルなどの大規模開発では，点型開発だけで街全体の活性化を視野に入れた面的な開発は考えられていなかった。また街全体の動態的な変化を視野に入れた開発も考えられていなかった。これからの都市再生（再開発）の手法として，点型開発と面的開発を計画的に同時進行させることにより，街区全体としての長期的な活性化策をとる方法が望ましいのではないだろうか。

　そこでまずは点型開発において，ライフスタイルセンターを導入する。ライフスタイルセンターは２−⑶で述べたように，"商業以外の都市機能との親和性が高く"，"施設外部に広がる可能性"がある。先述のようにこれまでの中心部での点型開発であるＳＣ開発や再開発ビルなどの大規模開発は，施設内部ですべてが消費されるワンストップ型施設として完結されるように考えられてきた。これでは大規模開発部分だけが活性化したとしても，街全体が活性化したとはいえない。これからの中心部における点型開発は，商業以外のさまざまな都市機能を複合させて街での中心性を高めると同時に，さらに施設内部で完結するのではなく，外部へ街が広がるような店舗や施設の配置構成をとらなければならない。

　さらに点型開発の周辺部分で，面的開発であるジェントリフィケーションを促進するような制度がとれないかを検討する。具体的な取り組み方法は，ＳＣ開発業者が面的開発部分までを行う場合や，または行政による支援制度など詳細な研究を行う必要がある。あるいは本来のジェントリフィケーションのように，自然再生を待つ方法もある。

　いずれにしても全体を通じて述べたように，街を活性化させるためには一部

第5章　まちづくりとライフスタイルセンター

の点型開発だけでは足りない。一定の範囲内での面的な再生と，これらの動態的な変化を視野に入れる必要がある。

　本項で重要な点は，ライフスタイルセンターによる点型開発を誘因として，ジェントリフィケーションによる面的な開発を促進させるという，点型開発と面的開発を同時進行させるという考え方にある。さらにジェントリフィケーションにより活性化した場合は地代の高騰を防ぎ，地代を一定の水準に保つような方策が必要となる。これにより大手・全国資本の商業者だけに頼ることなく，中小・地元資本の商業者による永続的な新陳代謝が可能となる。つまり街が面的に活性化しつづけることが可能となる。

5 おわりに－長期的視点でのまちづくり－

　社会構造の転換期を迎え，同時にまちづくりでも転換期を迎えている。そうしたなかで本章での基本的なスタンスは，大手資本によるＳＣ開発を誘導するだけのものではない。また商店街の廃止や中小商業者を軽視するものでもない。まちづくりにおけるプレイヤーのそれぞれ特徴や実情を踏まえたうえで，街全体の活性化という視点から，各プレイヤーに相応しい役割の組み立てを試みたものである。本章の内容については，各分野でのさらなる詳細な検討や研究を行う必要がある。

　さらに商業は都市機能のひとつであるとする認識が必要である。都市には産業，居住，行政サービス，医療，教育などのさまざまな機能が複合されており，そのひとつが商業機能である。街全体の活性化を目指すならば，商業機能だけではなく，街を構成するさまざまな機能の特性を把握することも重要で，最適な組み合わせを求めなければならない。その街自体も常に変化する動態的なものであるということも理解する必要がある。まちづくりに正解はないが最適な答えはある。しかも時代とともに変化する。このことを理解することも重要である。

これまでのまちづくりは，ＳＣ開発，再開発ビル，商店街，というように，それぞれが個別に縦割りに考えられてきた。同時に商業，産業，居住などの各々の都市機能も縦割りに考えられてきた。これからのまちづくりは，時代の要請として都市機能を集約しなければならない。ということは，ＳＣ開発，再開発ビル，商店街などが連携して，さらには各都市機能が連携して街全体を活性化する方法が必要となる。

　本章を通して述べてきたことは，まだまだ荒削りの考え方であり，詳細部分は研究を深める必要がある。しかし，これまでの個別的分野で検討されてきたまちづくりの方策に，少なくとも商業分野において街全体の視点から活性化を考えるという総合的な方策を検討するうえでの試金石となれば幸いである。

注

1） 宗田好史『中心市街地の創造力』127～128頁では，「ＳＣＭとＰＯＳの導入は，製造業におけるフォードシステム（大量生産方式）の確立ほどに大きな影響を流通業に与えるものであった」としている。
2） 大阪市経済局『大阪市小売商業実態調査報告書』2007年，43頁。大阪市では商店街団体に対して，商店街共同施設の維持管理に必要な経費の一部を補助している。以前は，この補助金を利用してアーケードの場合は設置をされていたが，この数年はアーケードの撤去にも利用されているという。
3） 小長谷一之『都市経済再生のまちづくり』古今書房，2005年，17～21頁では都市構造の観点から市街地の形成・更新のプロセスを「都市ライフスタイル仮説」として展開している。
4） 小長谷一之『都市経済再生のまちづくり』古今書房，2005年，84頁でまちづくりのトレンドの大きな方向転換について詳しく述べられている。
5） コンパクトシティについては，海道清信『コンパクトシティの計画とデザイン』学芸出版社，2007年，で日本と欧米のコンパクトシティの試みを詳しく取り上げられている。
6） ICSC（International Council of Shopping Centers：国際ショッピングセンター協会）発行の'Research Review' Vol.14による。
7） Market Squareのウエブサイト http://www.shopmarketsquare.com
8） 'Large Center Openings, 2005−2009', ICSC, 2008
9） 'ICSC Shopping Center Definitions', ICSC, 2004
　　　国際ショッピングセンター協会によるライフスタイルセンターの定義は次のようになっている。

第5章　まちづくりとライフスタイルセンター

　　Lifestyle Center：Most often located near affluent residential neighborhoods, this center type caters to the retail and "lifestyle" pursuits of consumers in its trading area. It has an open-air configuration and typically includes at least 50,000 square feet of retail space occupied by upscale national chain specialty stores. Other elements differentiate the lifestyle center in its role as a multi-purpose leisure-time destination, including restaurants, entertainment, and street furniture that are conductive to casual browsing. These centers may be anchored by one or more conventional or fashion specialty department stores.

10) 六車秀之『ショッピングセンター成功のためのライフスタイルセンターの構築』同文舘出版，2007年，40～42頁を参照。これによるとライフスタイルセンターはＳＣの業態と捉えるのではなく，ＳＣ業態の差別化要因として付加される機能と捉えている。

11) 小長谷一之『都市経済再生のまちづくり』古今書房，2005年，99～107頁を参照。

参考文献

- 宇野史郎『現代都市流通とまちづくり』中央経済社，2005年
- 海道清信『コンパクトシティの計画とデザイン』学芸出版社，2007年
- 小長谷一之『都市経済再生のまちづくり』古今書房，2005年
- 塩沢由典・小長谷一之編著『創造都市への挑戦』晃洋書房，2007年
- 塩沢由典・小長谷一之編著『まちづくりと創造都市』晃洋書房，2008年
- 六車秀之『ショッピングセンター成功のためのライフスタイルセンターの構築』同文舘出版，2007年
- 宗田好史『中心市街地の創造力』学芸出版社，2007年
- 矢作弘『大型店とまちづくり』岩波新書，2005年
- 矢作弘・瀬田史彦編『中心市街地活性化三法改正とまちづくり』学芸出版社，2006年
- Peter Calthorpe著，倉田直道・倉田洋子訳『次世代のアメリカの都市づくり』学芸出版社，2004年

（郷田　淳）

第6章

タウン・マネジメントと地域コミュニティ

1 はじめに－地域コミュニティの再生へ－

　中心市街地においてまちづくりをすすめていくまちづくり機関は，どのように生まれ，どのようなタウン・マネジメント手法を駆使し，どのような意義と役割を担っているのか。実際にはどのようなタウン・マネジメント活動を行っているのか。その問題点や課題は何かなど，まちづくり機関の現状を把握する。一方，自然発生的に生まれた地域の商店街では，緩やかなマネジメントのもと地域コミュニティづくりの役割を担ってきた。いま，商環境は大きく変貌を遂げ商店街自体が疎外されるという事態になっている。
　しかし，人口減少・少子高齢化社会の到来などにより，効率一辺倒の社会から持続可能な社会の仕組みづくりへと，大きくまちづくりの舵が取られている。将来を見据え，これまでのタウン・マネジメントがどう活かされ，地域のコミュニティの再生を図るまちづくり指針となるのかを明らかにしたい。

2 国内外のまちづくり機関の現状

わが国において中心市街地活性化法が改正され，まちづくり機関はTMOから中心市街地活性化協議会と名前を変え，タウン・マネジメントの内容や手法を新たにし，中活法における問題点や課題の解消を図るものである。

では，わが国が研究したといわれる欧米のまちづくり機関は，どのようなタウン・マネジメント手法で運営を推進しているのだろうか。その在り方を探り，わが国のタウン・マネジメントの向上に活かしたい。

(1) BID

① まちづくり政策とダウンタウン

アメリカの政治行政機構は，連邦政府＝州政府＝地方政府というようにそれぞれの役割を持ち自立している。互いに並立，並存している関係である。

商業施設開発を規制する制度は，最も歴史があり普及し中心的な役割を担っているのが，ゾーニング規制である。州政府が地方政府にその権限をほぼ全面的に付与し委任している。

環境保護法の規制は州政府が主体となっている。環境保護は自然環境に限定したものだけではなく，社会・経済環境問題も含まれる。郊外に大規模な商業施設が開発されることによって，ダウンタウンが衰退し，失業者の増加や税収減が予測される場合，開発計画が不許可になるケースもある。

景観規制は屋外広告物だけではなく，自然的風景や歴史的建造物等の調和のために地方政府が行っている。また，土地利用における宅地化や商業地化，工業地化等の開発を中心とした成長に関しては，地方政府が総合的にコントロールしている。

1970年代，アメリカ国内での大きな社会問題は，ダウンタウンの没落や荒廃をどう食い止めるかであった。連邦政府は，州政府経由もしくは直接地方政府に補助金が提供されダウンタウンの活性化が進められた。しかし，レーガン政

第6章 タウン・マネジメントと地域コミュニティ

権では財政赤字の問題などから廃止ないしは大幅な縮小となる。

こうした事態に対して地方政府では独自の再開発や活性化促進策を模索してきた。その打開策として特定の地域等に限定して，活性化事業や資金調達等の権限を有し，統一的な運営・管理する組織が生まれた。

② タウン・マネジメント手法

ダウンタウンの活性化には不特定多数の人々が自由に集い，賑わいのある場にしていくことが必要であるという認識から，政策づくりが行われてきた。一つにはダウンタウンのなかに小売店舗やレストラン，サービス店などの集積を維持し確保して行こうというリテール・ゾーニング手法である。

もう一つは，商業の活性化や集客力の向上のため，郊外のショッピングセンターで成功しているマネジメント手法を，ダウンタウンに活かすセントラライズド・リテール・マネジメント（CRM）である。

CRMの具体的な活動は，①犯罪防止や安全確保，②歩道の清掃・補修，街路灯の設置・管理，植木やプランターの設置・管理，ゴミ収集等の公的施設の改善・維持・管理，③集客力を図るスペシャル・イベント，④プロモーション等のイメージ改善，⑤マーケット分析とMDプラン，⑥テナント誘致や空き店舗対策等，⑦共同広告，⑧各種のコンサルティングサービス，⑨テナントの営業を統一的にコントロールする共通契約書，⑩出店計画全体の戦略や目的の審査，⑪絶えずモニターし成果を評価，などが主なものである。

③ まちづくり機関の意義と役割

CRM活動の他にダウンタウンの活性化を解決する方策には，組織論としてのビジネス・インプルーブメント・ディストリクト（BID）がある。

BIDが多くの都市に普及していくのは90年前後からである。それまでの制度的基礎としてスペシャル・ディストリクト（特別行政区）がある。特定の1または少数のサービス・機能に特化し事業を行うことを目的として州法により設立された(準)行政組織である。そのため，設立目的にあった社会基盤施設の建

設や運営，出資や契約，専門家の独自の雇用，課税や徴収，補助金や贈与を受けること，債権の発行など，多くの権限を有している。

70年代後半から，CRM活動の財源確保のため受益者負担地区制度（スペシャル・アセスメント・ディストリクト）を活用し始める。特定事業が特定地区の関係者に特定の利益を与える場合に，その地区を明確に規定し，そこの受益者から負担金を徴収する制度である。この制度は，自治体が事業主体で，柔軟性や機動性に欠けるため，改善され，80年代末頃からCRM事業を遂行するスペシャル・ディストリクトの設立が可能となった。これがBIDである。

BIDは州によって多少異なるが，基本的な共通事項は次のとおりである。

①対象地区が地理的に明確に規定されていること，②ダウンタウンの中で基本的な事業を行う権利を有していること，③資金源をもっていること。

BIDの自律度もさまざまであり，将来計画の独自策定やその執行権限，課税権や料金徴収権などそれぞれに差が見られる。BIDの設立は州法の存在が前提である。まず議会へ請願し，議会の承認を得る。次に地区内の課税・料金徴収対象者全員の投票（1人1票でなく所有不動産の価額・面積に比例した投票権）で，過半数あるいは3分の2以上の賛成で成立し，関係者は強制加入となる。

こうしたBIDという組織の制度的な成立過程を見るなかで，行政機関の機能の一部という組織の役割，すなわち，まちづくりという社会問題を解決していくための組織であるということである。

（2） メインストリートプログラム

① 誕生と歴史

1970年代にダウンタウンの歴史的な遺産を保全しようという動きに対して，それを担当したのがNPO組織である「歴史保全ナショナルトラスト」である。ダウンタウンの歴史的建築物は，それ自体が経済的な価値を生み出し，保全が必要であるとし，ダウンタウンの活性化にも効果が現れてきた。

歴史的な商業建築の保全という取り組みは，歴史保全と経済再生という2つの面から具体化を図ってきた。専門組織として，1980年に「ナショナル・メイ

第6章　タウン・マネジメントと地域コミュニティ

ンストリートセンター」(NMSC) を設立し,「メインストリートプログラム」(MSP) を開発した。

　メインストリートとはダウンタウンと同じ意味である。商店街や繁華街の目抜き通りという線ではなく,面としての中心市街地を指す概念である。商業だけではなく,居住も含み,都市生活の場として機能や施設を持ち,複合的にコミュニティを目指すのが,メインストリートである。

　MSPの理念は,ダウンタウンのコミュニティの再生である。コミュニティの再生のためには,生活の質の向上が基本戦略である。歴史的な環境を活かし人が暮らす街として,生活の質を高め,ヒューマンスケールのダウンタウンの良さを再生することである。

② プログラムのフレームと基本活動

　MSPの基本戦略である生活の質の向上には,具体的な4つのアプローチが用意されている。1つ目のアプローチは組織運営である。全体的な組織的活動を支えるための統括,経営,支援の部門である。2つ目はプロモーションであり,ダウンタウン全体の日常的な定期的な販売促進活動である。3つ目は,歴史的な街並み景観を大切にしてアメニティの高い空間を作り出すというデザインである。最後4つ目のアプローチは経済再生であり,ダウンタウンの経済基盤を振興していくための事業である。

③ 実施体制と導入

　全米組織であるNMSCがMSPを開発・運営し,そのもとに州レベルの組織があり,MSPを運用する約1,900のローカル組織で構成されている。協力と分担を基本とした関係であり,組織間の異動・交流が盛んに行われている。NMSCは,シンクタンクとしてMSPの開発,実施など総合的な支援を行う組織である。州組織は,NMSCとローカル組織を仲介し,MSP導入都市の選定や支援を行う組織である。ローカル組織は,地域の関係者からなる役員会を持ち,専任のメインストリートマネージャーとスタッフで構成されている。

MSPの導入には州組織による審査が行われる。審査は，歴史的な建築物の存在，地元コミュニティの積極的な関与，自治体の支援，マネージャーの雇用基盤整備など再生の可能性を重視している。

　MSPの導入が決まると4つのアプローチが運用され，短期および中長期にわたりダウンタウンの活性化への持続的な活動が実施されていく。

(3) TCM

① 意義と役割

　イギリスにおいて中心市街地活性化のタウン・マネジメント手法は，タウンセンターマネジメント（TCM）である。1980年代当時の中心市街地は治安の悪い危険な場所だといわれていた。先進的な大手小売業者などが，明るく清潔な街にし，郊外のショッピングセンターなどの脅威に対抗して競争的地位を維持していこうと，中心市街地活性化に取り組んできた。

　成功している郊外のショッピングセンターの要因を中心市街地に取り入れようという試みである。具体的には，清掃などの美観環境，歩行者や車両のアクセス道路，プロモーションとマーケティング，イベントなどであり，こうした事業を統一的に管理するマネジメント組織の存在である。

　TCMの組織構成は，地方自治体や民間事業者，商工会議所，コミュニティ団体で構成されるパートナーシップ組織である。組織の意思決定は代表者で構成される運営委員会あるいは理事会が行い，決定した方針をビジネスプランに具体化し，関係者間の調整とコミュニケーションを促進するのがタウンセンターマネージャーの役割である。ビジネスプランで決定された個々の事業を担うのは，個別課題ごとに組織されたワーキンググループである。

　TCMはこの他，会社組織など多様な形態があるが，公共部門と民間部門がパートナーシップを組んでいるところがほとんどである。

② 成果と課題

　初期のTCMは，フォーラムのようなローカル・イニシアティブからスター

第6章　タウン・マネジメントと地域コミュニティ

トしている。中心市街地に発生した空き店舗問題を解決するために，関係者が集まって実態を調査し，事業を実施するというものである。事業資金は寄付などが多い。

次の段階ではTCMという組織を設立し，地方自治体や民間部門が参加する運営委員会あるいは理事会を設置する。ビジョンを共有し事業計画を立案，タウンマネージャーの任命，行動計画の策定，事業化組織をつくり事業実施へという活動内容である。事業資金は補助金やスポンサーからの資金提供などである。

成熟段階がタウンセンター・パートナーシップである。組織形態はメンバーが参加する会社組織，あるいはトラストである。タウンセンターマネージャーに加えて，スタッフを雇用し事業を継続的に実施していく。事業資金は公共からの委託や会費，事業による収入などで調達される。

最近，TCMを更に自立した組織として強化し，恒久的な財源の確保を可能とする，持続的な改善と運営を推進していくBID制度の導入が行われた。

TCMが事業を実施していくためには財源の確保が不可欠である。主な調達先は，EUからの地域内不均衡是正のための補助金，中央政府や政府機関，地方自治体など公共部門の補助金，不動産所有者やPFI，大手小売業者，宝くじ基金，一般企業，デベロッパーなど民間部門の補助金である。

タウンマネージャーにはいろいろな役割が期待され，職務を遂行する必要がある。そのため多岐にわたる能力が求められ，一人では限界があるため，スタッフやサポーターなどのマネジメント力も重要である。

（4）　新TMO
①　中心市街地活性化協議会のフレーム

旧中活法でのまちづくり機関は，中小小売商業高度化事業認定推進事業者（TMO）が設立され，改正中活法では中心市街地活性化協議会（以下，中活協議会）が設立されることになる。

中活協議会は，市町村が策定する中心市街地活性化基本計画に対して意見を

93

述べる立場となり，その基本計画の中で認定された特定民間中心市街地活性化事業を調整し推進・支援していく組織である。

中活法のTMOとの大きな違いは，まちづくり機関のメンバー構成である。中活協議会では都市機能の増進を推進する整備推進機構あるいはまちづくり会社等のいずれか1以上の者か，経済活力の向上を推進する商工会または商工会議所あるいは公益法人または特定会社等のいずれか1以上の者が必須の条件となる。この他，行政や商業者，不動産所有者，企業，関係機関などで構成される。

このメンバーで中活協議会の委員会を持ち，基本方針等を審議決定する。このもとに運営委員会や事業目的ごとの部会，事務局，マネージャーなどで構成され，具体的に事業を推進していく体制である。

② 問題点と課題

FBCまちづくり研究所では，改正中活法で設立間もない中活協議会に対して実態等を聞いたところ，以下のような問題点や課題が明らかとなった（今後の事業推進の円滑化を図る目的で調査を実施。18年から19年9月末までに設立された中活協議会61ヶ所を対象）。

○これから運営についての問題が発生か

回答は，運営実務を担当している責任者などである。回答者の所属は経済の活力向上を担う商工会議所や商工会が81％，都市機能の増進を図るまちづくり会社等は19％であった。

中活協議会の運営状況では，満足できる非常に良い運営と良い運営であるとの回答は54％であり，運営が不満とやや不満は31％である。満足いく運営が過半数を超え，運営の不満は設立後6ヶ月を経過しているところで27％であることなど，設立後の中活協議会の活動内容に影響していることが伺える。

○人に関する問題が大きな課題

現時点での中活協議会における問題点や課題は，最も多くの回答があったのが，「タウンマネージャーや専門スタッフ等の人材確保が難しい」の回答，次に「商業者や市民，関係者の理解が得られてない」と「まちづくり会社等と商

第6章 タウン・マネジメントと地域コミュニティ

工会議所等の責任の所在があいまい」の回答,「基本計画の策定・認定に必要であるためつくられたという理解しかない」「実務を推進する部会やワーキング組織が整備されてない」「リーダーやリーダーシップを発揮する人材に欠けている」の回答の順である。

商業者や市民,関係者の理解,都市機能増進と経済活力向上の責任の所在,中活協議会への認識など,基本に係るような問題点を抱えていることが伺われる。また,タウンマネージャーや専門スタッフ等の人材確保,リーダーやリーダーシップを発揮する人材など「人」に関する問題が大きな課題となっている。

〇関係者の役割分担があいまい

中活協議会の運営については,実務を推進する部会やワーキング組織の整備が人材同様に大きな課題となっている。都市整備の組織と経済活性化の組織との責任所在のあいまいさが,運営にも影響が出ていることも伺われる。

中活協議会の設立が間もないことから,活性化事業計画は進んでなく,そのための支援制度の情報や要件等に対するニーズはこれからであると,思われる。

〇計画の協議・推進支援が求められる機能

中活協議会に求められる機能は,中活協議会から「活性化事業計画の協議および推進支援」の機能という多くの回答があり,次に「活性化区域内の意見のとりまとめ」「持続的なまちづくりの推進」「地元とのコンセンサス形成」「行政等との活性化事業調整」の回答,「活性化事業計画の策定支援」の回答,「タウン・マネジメントの推進」「活性化事業関係者との調整」「支援制度の活用のための調整・支援」の回答,最後に「事業のプロデュース能力」の順である。当面,中活協議会を推進していくために必要な事業計画の協議・推進支援や意見の集約,持続的な推進体制,地元や行政等との合意・事業推進調整などが機能として必要であると伺えられる。中活協議会における初期段階の求められる機能と思われる。

〇事業実施における機能はこれからか

具体的な活性化事業の推進では,事業関係者との調整や支援制度の活用など,個別事業に即した支援に関する機能が必要であると伺えられる。こうした活動

の積み重ねがタウン・マネジメントの推進を図る機能や手法となり，独自のノウハウとなるものと思われる。

　活性化事業のコンセプトを事業化し最終的に成果を得ていくためには，事業のプロデュース能力が問われる。今後，活性化効果を最大化し持続的な事業推進ができるためには，プロデュース能力が不可欠であると思われる。

3 タウン・マネジメント活動の実際

　まちづくり機関のもとで実施されているタウン・マネジメント活動は，どのような内容で，中心市街地活性化への効果はなどを，海外の中都市と小都市の事例を考察する。

　タウン・マネジメント活動の大きな目的はダウンタウンのコミュニティの再生を目指しており，「ライフスタイルセンター」では，地域コミュニティづくりをコンセプトにしているといわれている。ＳＣデベロッパーの視点によるマネジメントを，タウン・マネジメント活動に活かせるか検討したい。

（1）コベントリー～まちの安全を守る～

　先進的なまちづくり機関「CV ONE社」があるコベントリー市は，ロンドン北西150kmに位置し，人口は約30万人の工業都市である。糸偏産業の衰退や郊外型ショッピングセンターの出店などにより中心部の空洞化がはじまり，1980年代後半から再生戦略を策定し事業に着手している。

　中心市街地では，バランスのとれた業種・業態ミックスを図るとともに，アクセスの容易さと利便の推進，魅力的で安全な環境づくり，プロモーションやエンターテイメントによる集客づくりなどの戦略である。市は国内で最も早くまちづくり機関＝シティセンターマネジメント（ＣＣＭ）を立ち上げ，更に能力向上を図るために会社組織とし，最終的に「CV ONE社」を設立している。

　市はこの会社へ，今まで行ってきたタウン・マネジメントの活動や市営駐車

第6章 タウン・マネジメントと地域コミュニティ

場の管理，清掃事業，道路補修事業などを移管した。会社では地域の安全確保のためにCCTVカメラを260ヶ所以上設置し集中管理し，警察との連携で犯罪発生件数を大きく減らしている。

他の業務では，観光プロモーションやマーケティング活動，イベント管理，関係機関との連携，各種サービスの改善などの活動を行っている。

会社のスタッフはパトロール隊も含めて90名である。年間予算は840万ポンド（約16.8億円）で，約3分の2は市からの駐車場管理等の委託費収入，残りは広告宣伝や商店・企業のメンバー会費等の自主的な収入である。規模や実力共に英国内でNo.1であり，まちの運営管理に責任を持つ独立採算の会社である。

（2） マニヤンク～スペシャリティ型商業集積づくり～

マニヤンク地区は，フィラデルフィア中心部より北西へ車で30分位のところに位置し，一帯は郊外型の住宅地である。1960～70年代にかけて周辺にショッピングセンターが数多く出店し，マニヤンク商店街は完全に崩壊したが，家具やアート関連のショップに特化した非常にユニークなスペシャリティ型商店街として再生したところである。

マニヤンク商店街は19世紀に始まり，1950年代までは近隣型商店街として成長を遂げてきた。60年代以降，郊外ショッピングセンターの出店により顧客が流出し，店舗は6～7店に減少し商店街は壊滅状態となった。80年代に入り住民や事業者，地主などが中心となり再生活動を開始した。85年に事業主体としてニュー・マニヤンク・コーポレーションが結成され，具体的な取り組みが始まる。88年には市の公社で非営利団体であるシティ・ディストリクト・コーポレート（CDC）が設立され，当初の財源は寄付と駐車場収入で1万8千ドルであった。97年BID（事業主体名：マニヤンク・デベロップメント・コーポレーション）となり，当初15万ドルから現在100万ドル以上の収入がある街づくり機関に成長している。

85年当初は，アートやインテリア関連の専門店，グルメ向きのレストランの誘致をすすめ，共同駐車場の設置など，魅力ある商店街としての成功づくりに

取り組んできた。長年続けてきたアートフェスティバルは全米から集客する大イベントに成長し、その事業収入は全体の4分の1にも達している。他の事業は、ストリートクリーニングや街のメンテナンス、プロモーション、マーケティング、テナントミックス、再開発計画、駐車場管理などである。

　理事会は地権者や住民代表、事業者（商店主）など17名、実行組織は理事のもとに、エグゼクティブディレクターとスタッフ3名で構成されている。

（3）　新業態ショッピングセンター～計画的に造られた商店街～
①　SC業態革新の意義と特徴

　ショッピングセンターの先進国であるアメリカでは、好景気と根強い消費需要に支えられて成長を維持している。このSCの成長を支えているのが経済環境や社会環境の変化に対し業態革新を図ってきた結果である。

　すなわち、飽和化、成熟化に差し掛かっているといわれるSCを再生することや、SCを進化させた新業態を開発し対応を図ることでの革新である。世界一の流通企業であるウォルマートなどのディスカウント業態店舗に対して、商品構成やテナント・ミックス、サービスレベルの向上などSC全体の質を高め魅力あるアップスケール化を図る戦略である。

　もう一つの戦略が新規開発のライフスタイルセンター（LSC）である。成熟した社会にあって人口動態は刻々と変化し、商業施設に求められる機能は地域に密着した生活基盤のSCで、新しい業態として進化を続けている。

　LSCは、地域の生活者の感性や地域文化の再生と活性化を担う地域コミュニティの場の創造を目指している。成熟した生活者をターゲットとし、中流以上の比較的な裕福な住宅地などの立地特性を持っている。

　地域のコミュニティの場を提供しているLSCは、地域の生活者同士の交流ができる機能的な仕掛けが必要である。すなわち「街へ出かける」という魅力ある受け皿があることが前提となっている。

　「街に出かける」生活者には楽しい、面白い、くつろげるという快適な環境デザインのおもてなしが必要である。街としてのストリートのデザイン環境や

第6章　タウン・マネジメントと地域コミュニティ

店舗・建築のデザイン環境など伝統的・歴史的なイメージづくりがポイントである。

　マーチャンダイジング戦略は，価値観に基づく生活スタイルを意識したアップグレードが必要であり，大人が楽しめるテナント・ミックスを目指している。LSCは，本格的に街そのものをつくるという大型複合開発，既存のリージョナル型SCの開発・再生にも役立っている。

②　複合街区型SCマネジメント～サンタナ・ロウ

　サンフランシスコ郊外のシリコンバレーの中に開発されたサンタナ・ロウは，商店街にマンションやホテルが複合し，ダウンタウンを形成している。サンノゼ市に位置し，シリコンバレーのハイテク産業関連で働く人が多く住んでいる。メインストリートにサブストリートが交差し面としての商店街区を形成し，駐車場はモールの裏側に隠し街の連続性に配慮している。ストリートはレーストラック構造となっており回遊性を高めている。

　街区は古いヨーロッパの街並みをイメージし，上質な仕上がりとデザインとなっている。メインストリートのプラザでは，ヨーロッパ製のストリートファニチャーを配置し，心地よい楽しい空間を提供している。ホテル前のパークにも同様の木陰の空間があり，街区全体が非リースの非効率な空間や要素を多く取り入れている。こうした場の提供が地域コミュニティづくりのための原動力となるものである。

③　近隣型SCマネジメント～タウンセンター・コルテマデラ

　サンフランシスコ郊外のコルテマデラ市の中心市街地に開発されたタウンセンター・コルテマデラは，近隣型のSC機能とLSCが合体した商店街通りである。

　コルテマデラ市はサンフランシスコ中心部から北へ約25kmのところに位置し，郊外の住宅都市。金門橋をわたり高速道路を北上し，インターチェンジを降りたところにタウンセンター・コルテマデラが立地している。

南北を貫くタウンセンター・コルテマデラのメインストリートは，ヨーロッパの下町風のイメージを持ち，石畳風の舗道に，噴水や街路樹，花壇，モニュメント，塔，街路灯，中庭，ポケットパークなどが整備され，各所に雰囲気にマッチしたイスやテーブルが配置され，市民がくつろげ交流できる空間を提供している。小規模な店舗はテントで個性を主張し，街並みを演出している。
　施設の周辺には駐車場が配置され，植栽や街路樹，歩道へ区切られている。駐車場に向いても店舗の顔があり，4つの建物で小さな街をつくっている。
　テナントの会合や研修，市民の交流などに活用できる，100人収容のコミュニティルームも備え，タウンセンターとしてのローカルコミュニケーションの場を提供している。毎週水曜日ファーマーズマーケットを開催し，近隣農家からの野菜などの農産物が販売され，大きな魅力と賑わいを集めている。

4 今後の地域コミュニティ

（1） タウン・マネジメントの課題

　崩壊したダウンタウンのコミュニティの再生を図り，生活の質の向上を図るための手法であるタウン・マネジメント，その活動を推進するまちづくり機関，それぞれの機能・役割のもとに課題を把握していく必要がある。
　タウン・マネジメント活動を進めていくうえでの最大の課題は財源問題である。ＢＩＤの設立背景にある最大の理由である。まちづくりの試行錯誤や行政の財政悪化のなかから生まれた受益者負担の原則の確立が，ダウンタウンの活性化を持続的に推進できる仕組みとなったといえよう。
　2005年頃からドイツやイギリスなどのＥＵ諸国でも導入され，安定的に財源が確保され，レベルアップしたタウン・マネジメントが可能となってきた。

第6章 タウン・マネジメントと地域コミュニティ

　まちづくり機関がこうして自前の財源を持つことによって，ＳＣデベロッパーが運営しているＬＳＣのダウンタウンでの開発やマネジメントも可能となる。高松丸亀町商店街の再開発で所有と経営の分離によるまちづくり会社の商業床の運営は，わが国におけるタウン・マネジメント活動の新たなページを開くものとなるであろう。

　次に大きな課題は人の問題である。ＢＩＤの主要なスタッフはＳＣの出身者が多く，ヘットハンティングによるスタッフ確保も日常化している。地域間あるいは都市間競争に対応していくためには，プロが必要となるわけである。

　ＭＳＰでは，マネージャーの研修や認定制度等が整備され，人の能力向上に努めているが，タウン・マネジメント活動が多岐にわたるため，時間が必要である。わが国における現状は非常に厳しく，今後，基本計画が認定され事業実施の段階で問題化が危惧されている。

　都市の規模でのダウンタウンにおけるタウン・マネジメントの課題では，イギリスのコベントリーは広域都市であり，まちの治安の重視や駐車場の管理，広域イベントなどに対応したタウン・マネジメント活動が必要である。複合街区型ＬＳＣであるサンタナ・ロウでは，広域型コミュニティ空間を整備し都市型ライフスタイルに対応した交流を促進している。

　アメリカのマニヤンクは小都市であり，アートをテーマとした活性化が行われ，歴史的な建物を活かしたまちづくり活動が必要である。ＭＳＰとの一体的な再生も効果的である。近隣型ＬＳＣであるタウンセンター・コルテマデラは，地域的なコミュニティ空間を整備し井戸端的な交流を支援するタウン・マネジメント活動が望ましいといえる。

（2）　わが国の地域コミュニティの課題

　ダウンタウン再生のための小売業の必要性や維持活性化策，商店街振興策に関するリテール・ゾーニング制度などが実施され，郊外のＳＣの優れたマネジメント方法を活かしたＣＲＭ手法やＢＩＤ制度，主に中小都市を対象としたＭＳＰ制度などにより，アメリカの中心市街地活性化は本格化した。

こうした中心市街地活性化の動きの中で，ダウンタウンのような歩行者空間を活かし地域住民の集いの場を提供するという商業施設のコンセプトが育成されてきた。小売商業を基本にいろいろなレストランやアミューズメント，サービスを提供するテナントで構成し，自然発生的な本物の街並みをデザインしたのがＬＳＣである。

わが国では，中心市街地の空洞化は，各種の活動を通じての町内会的な地域社会の維持を困難なものとしてきた。地域社会が持っていた自発的な協力，支援機能が低下し，共同体に対する一体感は喪失し，更に高齢化が進む中で高齢者の地域社会での自立を困難なものにしている。

こうした崩壊した地域コミュニティの反省から中心市街地のまちづくりは，地域構造の変化やその影響により，たえず盛衰を繰り返すというまちづくりではなく，地域社会が独自のアイデンティティを持ち，将来にわたって持続可能なコミュニティづくりを目指していくことが求められている。

最新のＳＣ業態であるＬＳＣは，こうしたまちづくりや商店街の課題に対して解決策の糸口を見出すことができる。ＬＳＣは古き良き時代の地域社会や商店街に酷似しているといえる。

ヨーロッパの街並みをモチーフとし，イメージをより本物らしく近づけることにより，自然発生的な地域住民の自己実現の場を提供している。計画的にＳＣの端に核店舗を配置しモールで繋ぎ回遊性を高めることや類似業種をまとめて配置し利便性・買い回り性を高めることなど，ＳＣ理論には拘っていない。むしろ自然発生的に形成された商店街に近いアイデンティティを持っている。

マーチャンダイジングのコンセプトは大人を主な対象とし，アップスケールなナショナルチェーンの専門店や地元の有力な専門店，特徴ある大型専門店で構成，食料品も対面販売のデリカや生鮮品を強化した高級ＳＭ業態，ファッションに特化した百貨店，集いを演出するカフェやレストラン（若い人を対象としたハンバーガーショップはない），シネコンの設置など，ＳＣ規模の特性に拘らない。自然発生的な商店街には，テナントミックス計画がないという非難やマイナスの指摘は，見事にプラスに転じることになるだろう。

第6章　タウン・マネジメントと地域コミュニティ

　計画的な商店街は家庭でもなく職場でもない第3のステージの提供である。安全で快適で気兼ねなく寛げる空間の環境整備がその命である。建物や舗道，その素材のこだわりから，植栽や花壇，ハンギングバスケット等の緑の豊かさ，噴水や噴水まわり，ポケットパーク，パティオ等のストレスを解消する空間づくりなど，薄っぺらではなく地元で誇ることができる顔となっている。

　環境整備において商店街の場合，整備が中途半端で部分的，統一的なコンセプトがない，一過性のもの，メンテナンスがない，担い手が不明確，等々その非難に限りがない。地域住民が集い自慢できる生活空間であれば，それは公共的な空間であり，商店街やその構成する人々の問題というよりも，むしろまちづくりとして解決を図るべき事柄である。リテールと環境整備，コミュニティの問題を整理し，役割分担を明確にすべきである。「買物に行く」から「街へ行く」というコンセプトで，商業という呪縛から開放された業態に革新している。

　リース面積をどれだけ増やすか，高家賃の方法，配置の工夫などはＳＣデベロッパーとしての永遠の課題であるが，こうした効率ではなく最終的にコミュニティという物差しが成果の尺度となっている。ハード的な環境整備による物理的なコミュニティの顔づくりと同時に，地域住民による自発的な協力・支援機能の場と仕掛けづくりがポイントとなっている。

　かつて商店街を中心とした町内会的な助け合い機能と同じく，エリアコミュニティの核となることを目指している業態だろう。商店街が学ぶことは，町内会的なコミュニティへの再生を目指し，自らがコミュニティサポートセンターという新しい業態へ革新することである。

（3）これからのまちづくり

① 中心市街地活性化の新たな展開へ

　ポスト大店法として平成10年に制定されたまちづくり三法は，主に中心市街地活性化法による振興策と改正都市計画法による規制策により一体的に運用し機能するはずであったが，後者の機能不全によって，中心市街地は活性化どころかますます空洞化を促進する結果となった。2006（平成18）年にまちづくり3

法の抜本的見直しが行われ新たな展開となっている。

　この見直しは，開発途上国レベルの都市計画がようやく欧米に近づくという土地利用規制等の改正で三法効果を十分に発揮するところを，初期段階の混乱を脱し始めた旧中活法も抜本的見直しが行われ，当初からの連続性を断ち切るスキームとなっている。旧中活法では欧米と比べかなり後発のまちづくりに馴れ親しんでもらうため，間口を広げ取り組みの促進を図ったが，今回の改正中活法では正反対に間口を狭め内閣総理大臣の認定制になり，厳しく計画が審査され結果的に抑制されている。今回の改正がまちづくりへの後退と見るのか，内容と質の向上と見るのか議論は分かれ，財政悪化のなかでの「選択と集中」が求められるが，極端な変化はモチベーションを低下させるという心配の声もある。

　旧中活法でうまく機能しなかった要因のひとつとして，「商業の活性化を重視したため」といわれているが，まちなかの商業がどのような機能を担っているか，あるいは担ってきたかという本質的な議論がないままに，事業がすすめられた結果といえる。皮肉にも最新SC業態であるLSCが，日本において伝統的に培ってきたまちなか商業の意義や役割を逆提案している。

　② 中心市街地商業活性化への活用

　米国の社会・経済環境等を背景としながら生まれたLSCは，SCとしての機能を基盤としその上に商店街の優れた機能を開花した業態，あるいはSCの優れた機能と商店街の優れた機能を両方持つ業態といえる。

　商店街の良いところといわれている機能は「地域密着性」と「賑い性」，他に「公共性」などである。ではいまのまちなかの商店街にはこうした機能はあるのか，とくに地域のコミュニティづくりや人間関係づくりに役立つ機能はあるのか，なければ40年ぐらい前の商店街全盛時代の埋もれた資産を発掘しいまに活かす必要がある。商店街の「地域からの疎外」に応えなければならない。

　中心市街地商業の活性化には，まず地域に密着した商店街機能を再認識し持続すること，次に商業そのものの質の向上を図ること，そしてプライドが持て

第6章 タウン・マネジメントと地域コミュニティ

る顔と交流できる場を整備することである。

　ところで，旧中活法では，活性化区域を運営管理するまちづくり機関（TMO）が義務付けられ，経験がなく慣れないなかで行政主導型や民間主導型など多くのTMOが設立された。改正中活法では中活協議会というまちづくり機関の設立が必要である。旧中活法のTMOはリセットされ，中活協議会はTMOと組織内容や構成が一変した機関となり，TMOとの連続性はほとんどなくなった。平成19年秋に実施した中活協議会に対する調査では，約10年前のTMO立上げ時の意識とほぼ同様の結果で，その間の成長のない初期レベルでのまちづくり機関の足踏みが続いているというのが現況である。

　タウン・マネジメント活動における開発や開業後の運営には，優秀なデベロッパーが担っている機能を持つ必要がある。まちづくりとなれば複合開発となり，そのなかで計画された商店街という要素は，住居や業務，公共等の要素との触媒となる機能を持っている。したがって，改正中活法での中心市街地活性化に関する具体的な支援事業や，人口減少・少子高齢化社会にふさわしいコンパクトで賑いあふれるまちづくりの実現という方向性にマッチしている。

　しかし問題は，地域コミュニティの再生を図り生活の質を高めていくためのタウン・マネジメント能力を持つことである。中活協議会に対する調査結果では，「タウンマネージャー等の人材確保」がトップの回答であった。複数の専門スタッフによる体制が必要であることから，現況ではその能力の保持は難しい課題であろう。

5

おわりに －「スロータウン」のまちづくり－

　中活協議会は，まちづくり機関としてBID制度に，少し似ているところがあるが，安定的な財源を確保しているという要のところでは似て非なるものといえる。BIDの発想にはまちを固有の資産と考え，魅力的なまちにすることによって資産価値の最大化を目的としている。これによってまちづくり機関の

財源は豊かになり，まちへの再投資が可能となる。行政は資産価値の向上が固定資産税の伸びとなり，行政サービスを増大させることができる。

BID制度の導入はすぐにはできないが，計画的な商店街という要素をまちの中に触媒として取り込むことによって，まちの魅力を高めまちの資産価値を増大するという活動は可能となる。中心市街地活性化を行いながら，まちの資産価値を維持・向上させ，価値の最大化を図るタウン・マネジメントが必要である。いわばタウン・プロパティ・マネジメントへの取り組みであろうか。

これからのまちづくりに必要なタウン・プロパティ・マネジメントには，地域の再生や保存，人間関係づくり，環境問題など時間をかけて創りあげていくという，「スロータウン」という発想が求められているのではないか。

「スローフード」は1986年イタリアで始まった「ファストフード」のアンチテーゼとして地域の食文化を守る運動として始まったものである。伝統的な食材や料理，素材を提供する生産者を守り，本物の味を次世代に伝えていくというものである。この考え方をもとにまちづくりに活かしていこうというのが「スロータウン」の発想である。

犯罪等社会問題が増大し，過去の社会投資は活かされず，農地は失われ，コミュニティは崩壊し，地域経済の体力は取り返しがつかないほど低下しているなかで，「スロータウン」というまちづくりに期待されている。

参考文献

- 安達正範・鈴木俊治・中野みどり『中心市街地の再生メインストリートプログラム』学芸出版社，2006年
- 三浦 展他『地方を殺すな ファスト風土化からまちを守れ』洋泉社，2007年
- 原田英生『ポスト大店法時代のまちづくり』日本経済新聞社，1999年
- 横森豊雄『英国の中心市街地活性化』同文舘出版，2001年
- 出口巳幸『共同店舗ニュース』「米国SC新業態ライフスタイルセンターと共同店舗」(協)全国共同店舗連盟，2007年～2008年
- FBCまちづくり研究所『まち研ファイル』12号～27号

（出口　巳幸）

第7章

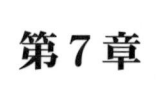

まちづくりと個店力

1

はじめに－個店力とは－

（1） 個店力が示すまちのポテンシャル

① 集積集客から個店集客へ

　まちづくりの発想は，どこかに商業集積を構成し，その集積力で集客するという考え方が主流であった。ショッピングセンター（以下「ＳＣ」）は郊外型，中心市街地型，駅なか，どれも商業の集積により集客するという発想には変わりない。しかし，今後は「個店が集客する」という考え方が主流になるのではないだろうか。もちろん集積とは個店の集まりであり，魅力のない個店の集積では集客につながらないことは言うまでもない。ただ，個店経営の指南本は書店に行けば山のように並んでいる。本章で論じる「個店力」とは個店の経営力ではなく，まちづくりのなかの個店の力である。まちづくりを成功させるため，優れたＳＣをつくるためには，読売巨人軍のような4番バッターの店だけを集めればよいのか，そうではなく，きっと立地や環境に応じてバランスよく構成された個店の集積がまちづくりを成功に導くのではないか。だとすれば個店のベストミックスとは何なのか，もっとも集客力を発揮する個店の構成とはどの

ような構成なのか，どのような環境にはどのような個店が必要なのかについて考察してみたい。

② 公的支援も個店支援へシフト

これまで商店街活性化という名のもとに，多くのアドバイザーが商店街という団体に赴き，組合の会合に出席し，販売促進策の勉強会，イベント提案，組合員の意識改革，ホームページの作成，空き店舗対策等々の支援を行ってきた。これを「団体支援」と名づけよう。

最近では，このような支援を続けても効果がないと考える自治体が増えつつある。そのひとつに大阪市がはじめた「重点個店支援事業」がある。名称だけ見ると個店の経営支援のようだが，実は商店街の支援メニューの一つである。商店街の一番店を目指して個店の魅力づくりに取り組む経営者に対してサポートチームを派遣する事業で，1店舗に1人のコンサルタントが専属で支援し，初年度は1団体で3店舗，1店舗当たり10回の支援が行われる。数10店舗で構成される商店街のなかで，僅か3店舗だけでも見違えるような成果が出れば，その店が核となって集客が可能となる。選定方法は，自ら手を上げていただく方式であるため，やる気のある人が名乗り出る。その点で支援側も成果を出しやすい。

③ 消費者の視点

たとえば，休みの日に家族でどこかに出かけようというとき，「A街に行こう」という場合は，「A街が好きだからとか，A街に行けば何かあるだろう」という意味合いが含まれている。この場合は明らかに街としての集客力があるケースである。しかし，「A街にあるB商店街に行こう」「B商店街にあるC店に行こう」となると，これは明らかに集積の魅力であり個店の魅力があるケースとなる。

ただ，このようなケースは，都市でいえば，神戸，京都，横浜など，街でいえば，六本木や秋葉原，大阪のキタ，ミナミ，商店街でいうと，京都の錦市場，

大阪の黒門市場など，もともと強い集客パワーを持っているときに成り立つ話である。観光客が立ち寄る集積や広域集客型の集積が想定されるため，多くの商店街が抱えている近くの消費者が商店街に来てくれないという悩みの解決にはならない。

　本章で論じる個店力とは，魅力ある個店が集積し，結果として，魅力ある街ができあがるプロセスを想定している。つまり消費者からみると，これまで休日に家族で出かける行き先としては候補にあがらない街であったが，「最近あの街面白そうだから一度いってみようか」というケースである。この場合，街の魅力が創出されたと考えるか，それとも街を構成する個店の魅力が創出されたと考えるかであるが，本章では後者と考えて考察してみたい。

（2）　個店力がキーワードになる理由

　活性化の成功事例やまちづくりの活性化手法にみる共通点を探ってみると，まちづくりの歴史は個店づくりの歴史といっても過言ではない。核店舗の誘致，テナントの入れ替え，再開発ビルのリニューアル，歴史的建築物の再生，自然発生的な同業種集積など，どれをとっても個店の魅力を発信して集客する手法である。

　長浜市の「黒壁」長野市の「ぱてぃお大門」などは，新たな集客装置としての個店を新設し，その個店を核とするまちづくりである。高松市の「丸亀町商店街」では，再開発ビルを集客の核として顧客の呼び戻しに成功したが，このケースも，高級ブランド店の誘致，地元家電店を一部業態変更した生活雑貨ゾーンの設置，カフェ，レストラン等飲食店の導入など，個店の魅力で活性化した例である。このように，集客の核となる個店の誘致や創出は，消費者の購買行動を大きく変える。

　一方，郊外型ショッピングセンターや都市型商業集積の新設は，確かにその地域では初出店という店が何店舗か入居することで，個店力を発揮するケースもあるが，基本的に「集積の魅力」によって集客する手法であり，特定の個店が絶大な集客力を持つケースは少ない。

2 集積の魅力 VS 個店の魅力

（1） 大型ショッピングセンターは楽しいか
① 「懐かしさ」は強い

では，消費者が感じる「街の魅力」とは何だろうか。「集積の魅力でできた街」と，「個店の魅力でできた街」は，どちらが魅力的といえるだろうか。

少し強引な定義かもしれないが，集積の魅力でできた街とは，広大な農地に突然現れた大型ショッピングセンターをイメージしたい。一方，個店の魅力でできた街とは，中心市街地を再生し，一定のコンセプトに沿って個店が改装や品揃えを変更する，あるいは集客の核となる個店を創出し，顧客を呼び戻すという事例を想定する。

まず第一の違いは，新しさである。集積による街は「まったく新しい街」，一方個店による街は「古い街がリニューアルされた街」である。新しい街は，新鮮であり，開業当初は多くの人が訪れ，賑わいを見せる。どんな街ができたのか，興味津々で見に行く。しかし，年月が経つと徐々に商圏が狭くなり，いつのまにか近隣住民の日々の生活ニーズを満たすだけの街になっている。

一方，個店による街は，その街自体が元来持っている魅力，たとえば歴史的な建造物，有名人の存在，寺社の祭り，伝統工芸品，街の成り立ちなどをクローズアップし，自分たちの住んでいる街を再活性化する取り組みである。つまり新しい街には違いないが，「懐かしさ」という要素を持った新しい街なのである。

進出する大型ショッピングセンターは街を大きく変化させ，地域住民の生活を豊かにし，「1年中空調の効いた屋内型大規模公園」のごとく，小さい子ども連れの家族の憩いの場となる。その意味では地域住民にとって大きな役割を果たしているといえる。問題なのは，「老朽化」と「飽き」である。新しいものは老朽化し目新しいものは飽きる。それは自然の摂理である。

一方，「懐かしさ」は老朽化しない。飽きることもない。全国各地にできたテーマパークが次々と閉鎖していったことは記憶に新しい。ところが，東京

第7章 まちづくりと個店力

ディズニーリゾートと大阪のユニバーサルスタジオジャパンは、いまだ健在である。存続の要因は一説によると、「次々と新しいアトラクションを増やし来場者が飽きない工夫をし、リピーターを獲得しているから」といわれている。確かにその要因もあるが、この2つのテーマパークと他のテーマパークの決定的な違いは「懐かしさ」の有無なのである。自分が小さいころに見たもの、青春時代に見たもの、昔懐かしい思い出とともにその時代が蘇る、ミッキーやドナルド、あのとき見た映画、そこに行くと思い出す「懐かしさ」がこの2つのテーマパークには存在する。

② 「誰でも知っている有名店」は全国にある

「集積の魅力でできた街」と「個店の魅力でできた街」の違いの2つ目は、集積の魅力でできた街には必ず有名店が入っているということである。ユニクロ、無印良品、しまむら、ダイソー、マクドナルド、このなかの何れの店も存在しない集積を探せ、といわれると困るはずだ。このような誰でも知っている有名店は、本章でいう「個店力のある店」ではない。これらは知名度のある全国チェーン店であり、ブランド力や認知度が集客しているのである。その場所にあること、その人（店主や店員）がいる店、そこじゃないとダメだからこそ「個店力」であり、どこにあっても、誰がやっていても、その名前の付いた店なら良いというのでは「個店力」とはいわない。

「餃子の王将」は全国チェーンだが、店によって餃子の味が微妙に違うといわれる。私はA店の餃子は好きだが、B店の餃子はあまり好きではない。これは個店力かと考えてみると、画一的な味を提供することがチェーン店を経営する企業の本旨であるとすれば、このケースはたまたま店によって味が違ってしまっている経営者にとっては不本意なケースであろう。例えそれが地域性を考慮した味の差異、戦略的に行われた施策であったとしても、ここでは個店力とはいわない。それはあくまで二次的な要素であり、一次的にはチェーンの知名度、ブランド力で集客しているからである。

このように誰でも知っている有名店は、集積でできた街の集客装置となって、

多くの顧客を誘引する。地域住民は「いままでは遠くにあって，なかなか行けなかった店が近くにできて便利になった」と言い，開発者は，「近隣大都市に流れる顧客をこの街に留めることに成功した」と自負する。しかし本当にそうだろうか。

　近くにあればそこに行くのであれば，その店でなくても，どこかに行った帰りに行けばよいし，たまたま立ち寄った街にあればそこでも良いはずだ。

　一方，個店の魅力でできた街は，その場所にある，その店が集客する街である。ガイドブックには載っていないが地元の人が毎日のように通う店，店の名前は忘れたが近くに行けば思い出す自信のある店，大切な人を連れて行きたい隠れ家的な店，「個店力のある店」とはそういう店である。

（2）プロの客を集めるプロの店

　「個店の魅力でできた街」は，同業種の個店を集め，そこに新たな街を形成する。そして，品質，価格，サービスで競い合い，その競争に耐えられない店は淘汰される。価値をわかる人は店を選ぶ。同業種が集まれば，選択肢が増え，リピーターも増える。誰がつくっているのか，誰が仕入れているのかで決まる。

　海外旅行に行って，ガイドブックを頼りに行く店は，期待以上だったことはあまりない。散々探したあげく面倒になって，食事はマクドナルド，買物はセブンイレブンという経験はないだろうか。

　ところが，地元の人に案内された店にハズレはまずない。一見客相手，観光客相手の店は，一度来たら二度と来ない客かしばらく来ない客が相手，ある程度手抜きをしても成り立つだろうが，地元客が通う店は手抜きなどしようものなら，すぐに噂になり客数が激減する。だから地元の人が行く店は安価で品質が良い。

　西宮市の情報誌「いただきます！西宮」は，街頭調査・市内事業所従業員へのアンケート調査を実施し，西宮市民1,495人がお薦めする飲食店99店舗を掲載している。市販のグルメ情報誌と異なり，地元の人が選定した店だけを載せている。2007（平成19）年3月に完成した雑誌は，無料で配布したこともあり，

あっという間になくなり、今ではなかなか手に入らないプレミア情報誌となっている。

地元の住民は「店選びのプロ」である。地元で長年経営し、現在でも集客力を保っている店は「商売のプロ」である。プロ対プロの真剣勝負が日々行われている。たまたまその街に立ち寄った人はいわば「店選びの素人」である。観光客が集まる店は、観光会社の添乗員に連れられて来た店か、ガイドブックに載っていた店である。そのような店には、個店力は必要ない。つまりある程度の資金力さえあれば、素人でも経営できる。素人がやっている素人のための店といってもいいだろう。プロの店にはプロが通う、それが本当の「個店力のある店」なのである。

3 個店力＝まちの力

（1）"パワーショップ"がまちを支える

① 同業集積パワー

横浜中華街、神戸南京町、すすきのラーメン横丁、広島お好み村、同業集積は大きな集客力を持っている。ところが先般、「横浜カレー博物館」は閉店した。同じ同業集積でも、自然発生的に形成された街と、意図的に形成された街では、そのパワーの差は大きい。また"ハコ"を維持するためには、共用部分の費用を捻出しなければならず、入口で入場料を払ったうえで、なお個別の店で飲食代を支払うという仕組みになる。それでも維持できている「新横浜ラーメン博物館」は、日本人のラーメン文化の根強さのなせる業なのだろうか。

② 地域名産店パワー

かに道楽、くいだおれ、づぼらやなどの大阪名物店は、異業種ながらそれぞれの個性で集客力を発揮している。2008（平成20）年4月にくいだおれは閉店したが、くいだおれ人形（くいだおれ太郎）は有名人扱いで移動するたびに

ニュースになる。

　その街に存在しているからこそ意味がある店は，強靭な生命力を誇っている。同業集積でも，明石市の魚の棚商店街の明石焼き（玉子焼き）店の集積や，喜多方市の喜多方ラーメン街などは，街の名産品から生まれた集積パワーである。そこにあるから意味がある。

　③　体験型店舗パワー

　キッザニア，鉄道博物館，旭山動物園，体験ができる店舗の集客力は強い。
　これらの店や施設は，意図的につくられた店舗（施設）であるが，「体験」というコンセプトで集客している。子どもの仕事体験，鉄道の運転シミュレーション，動物の生態に近い状態で観察ができる。どれも疑似体験によって，より本物に近い感覚を享受できる点で共通項を見出せる。
　これらの成功事例は個店に活用できる。体験を表現する「試」という言葉をつけてお客様に体験を提供している店，すぐに業種が思い浮かぶものとしては，試着，試飲，試食，試乗，試打，試聴，試奏，試写，試供品などがあるが，あまり知られていないところでは，試寝（ためしね＝寝具店），試押（ためしおし＝印鑑店），最近では「試住（＝住宅販売店）」という言葉まで出てきた。モノが溢れる世の中，ネット販売が急成長を続ける時代，わざわざ店に足を運ぶ消費者の目的は，バーチャルではなくリアルの価値を見出すため，体験するためである。実店舗で商品を確認し，買うのはネット販売，そんな消費者が増えている。経営者の側からいえば，今日ここで買ってもらわないと，二度とチャンスは来ない。そのためには可能な限りの「体験」を提供し，今ここで買う気になってもらうしかない。「試」が提供できない店は生き残れない。商品を毎日同じ場所にきれいに並べ，値札と商品名を貼り付け，割引きセールで買ってもらう時代は，遥か昔に終わっているのである。

　④　超人気店パワー

　大阪市南森町に「大阪一辛いカレー店」との噂の店「ハチ」という店がある。

一見寂れた喫茶店のような外観，店名の看板もなければ，営業時間の表示もない。週3日の限定営業ながら，昼の11時半には長蛇の列ができる。常連客は，何曜日が営業日で，何時ごろ列ができて，何時ごろに終了するのか知っている。メニューはカレーの1種類のみ。7～8席しかないカウンターで，女将1人が切り盛りする。たまごを頼んだら客が自分でカレーの盛り付けを加工し，たまごの投入場所を確保する。程なく女将が生たまごをその場所目がけて投入する。客と店主との協力関係も常連客なら当然。少しでも早く次の客に替わってもらうため，会話はほとんどない。ただ目的は食べるだけ。涙，鼻水，汗のトリプル攻撃に耐える自信のある方はぜひ体験していただきたい。

⑤　ニーズ着眼店パワー

皇居周辺の銭湯にある変化が見られる。「稲荷湯」「バンドゥーシュ」は，皇居をジョギングするランナーのための銭湯である。通常銭湯は，服を脱いだら風呂場に向かうものだが，ここの銭湯は服を脱いだらまず走り，その後に風呂場に向かう。つまり通常の銭湯より1工程多い。使い方は，ゴルフ場やスポーツジムのロッカーと同じだ。

平日の夜はランナーたちで超満員である。残念ながら営業時間は15時からなので，早朝ランナーには使えない。

そんなニーズに応えるべく，最近新たに，朝7：00から営業の「ランナーズステーション」ができた。ニーズが店の利用方法を変え，そして新たな業態を創出するのである。

4

数値でわかる個店力

(1)　個店力がわかる「5つの指標」

①　商業力発掘調査より

ここである市が実施した「商業力発掘調査」について述べてみたい。この調

査は，市内に存在する商店街・小売市場の全数調査である。市が行う団体支援のなかでも，活性化のポテンシャルを数値化し，選択と集中による支援を行うための調査である。

　活性化のポテンシャルを数値化するために，5つの評価指標を設定した。①組織力：イベント・催事の回数，組織率，年間予算の余裕度，②個店力：集客力のある個店数，集客範囲，生鮮4品の存在（市場の場合），過去の改装状況，③商業力：空き店舗率，商業度，65歳以上経営者率，後継者率，④情報力：情報収集力，情報発信力，ＰＣ，ＰＯＳの活用店数，⑤集客力：来街(店)者数の増減，周辺人口の増減，競合状況。

　この指標に合わせたヒアリングシートを作成し，それぞれの評価点を設定したうえで実地調査，理事長等役員へのヒアリングを実施した。

　調査の結果は，全体の特徴として，弱まりつつある「集客力」を，「組織力」で何とか維持しようとしている。ほとんどの団体が「情報力」が弱く，また経営者の高齢化や空き店舗の増加により「商業力」が低下傾向にあり，集客は専ら「個店力」に依存している。という内容となった。

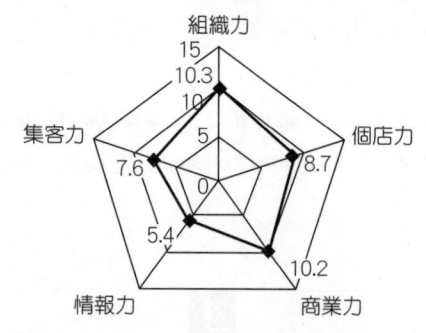

図表7-1　＜商業力評価指標（全体平均値）＞

組織力 10.3
個店力 8.7
商業力 10.2
情報力 5.4
集客力 7.6

　この調査によって発掘できたことはいくつかあるが，もっとも特徴的なのは「集客力のある個店の存在」である。空き店舗率が高い団体でも，生き残っている個店のなかには，広域からの集客力を持ち根強い固定客を掴んでいる店が少なからず存在する。空き店舗率が90％を超えている小売市場の一角に，ひっ

そりと店舗を構える店は近くの小学生がお小遣いを持って毎日のように通う店だったり，普段は目立たないが年末には行列ができるほど人気がある精肉店など，残存者利益で偶然生き残っているのではなく，しっかりとした理由をもって生き残っているのである。

5 個店力によるまちづくりの可能性

（1） 人気のまちには個店力がある

① 中崎町

南はＪＲ大阪環状線，東は天神橋筋，北は城北公園通り，西はＪＲ東海道線で囲まれた一帯を「中崎町」と呼ぶ。東は「天五中崎通商店街」を通って天神橋筋商店街に辿り着き，西は「梅田」まで歩いていける。大商業集積地の近隣にある裏通りのまちといえる。

古い長屋や木造住宅を改装したカフェや雑貨店が点在する，独特の雰囲気をもっている。一見，古い商店街と古い家屋が隣接するよくある住宅街のようだが，細い路地をぶらぶら歩いていると，ほどなく立ち止まりたくなるような面白い店に出会える。

個店力のある店は，「立ち止まりたくなる店」「入りたくなる店」「体験ができる店」の何れかの要素を持っている。このまちの特徴は，「立ち止まりたくなる店」が非常に多いこと。そして店に入ればいろんな「体験」ができそうな予感がする。

木造家屋が並ぶ密集市街地，とくに何の特徴もない商店街。そう思って歩いていると，個性のある店，店舗ファサードが店主のコンセプトを強烈に主張している店がいくつも出現する。個性のある店が個性のある店を呼び，互いの店が個性を競い合っている。そんな環境が自然にできあがっている。

その環境は，一定の秩序を保っているかといえばそうでもない。なぜなのかを考えてみると，次の2つの要素に辿り着く。

1つ目は，商店街が見せる雰囲気と，木造家屋の長屋が醸し出す雰囲気とで，店の立地が大きく2つに分かれていること。2つ目は，狭い路地に隠れるように存在している店と，広い通りに圧倒的な存在感を見せる店が共存していること。1つのまちに2つの顔があることがこのまちの魅力を増幅させている。

　天五中崎通商店街では，昭和30年代の懐かしさを醸し出す「堀内酒屋」，「青空書房」「サイタ金物店」「三晴食堂」。そのすき間を埋めるように出店している新しい店が，「bar say」「ニュー黒崎」「萬転屋」である。新旧の店が，反発しあうことなく不思議な融合を見せている。昭和の懐かしさを感じながら歩いていると，突然現れるお洒落な店が異彩を放つ。立ち止まって「ここは何の店だろう」と考えるのが自然に思える。

　一方，中崎西の一帯は木造住宅街の中に路地が続く。人ひとり通れるかといった細い路地もあれば，比較的広い道路も混在する。何度もL字に曲がる道は，どこに辿り着くのかわからない冒険心を喚起させる。早足で歩くと見逃してしまいそうな店もあれば，遠くからでもはっきりとわかる店もある。なかでも一際存在感があるのは，「葉村温泉」の向いの「オリビエ・ル・フランソワ」（写真）である。店頭には街路灯や風車がオブジェとして飾られ，ベンチが置かれている。店舗そのものが異国情緒豊かである。この店の前を，店の存在を気づかずに通り過ぎる人はまずいない，それほどの存在感がある店である。

　今では，街の情報誌には頻繁に登場する店であるが，初めて来た人でも足を止めてながめていると，店内でさまざまな体験できそうな気がしてくる。店頭だけでそう思わせるパワーがある。それが個店力である。

　このまちに出店してくる若い創業者が多い一番の理由は，家賃が安いこと。老朽化した商店街の活性化手法，古い住宅街の活性化手法，密集木造住宅街の再生手法としても，学ぶべき点が多い。

第7章 まちづくりと個店力

② 堀　　江

　大阪市西区，北は長堀通り，東は西横堀，西は木津川，南は西道頓堀川で囲まれた一帯が通称「堀江」である。周防町通から北を「北堀江」南は「南堀江」と呼ぶ。東は大商業集積地「難波」があり，歩いていける距離にある。裏通りのまちという点で中崎町と共通している。

　南堀江の中心を東西に横切るのが「立花通り商店街」オレンジストリートである。昔は木材業者と木材を運ぶ水路からできたまち，近年は家具の卸・小売が集積しているまちであった。その二代目たちが立ち上がって，1991年にフリーマーケットを開催したのが活性化のきっかけ。最近ではすっかり若者のデートスポットとして注目され，東京から人気のブティックも出店も増えている。

　今でも古いタンスや鏡台を置く昔ながらの店もあるが，デザイナーズ家具や雑貨店，レストランやカフェなどが増えてきており，近所に住む若い女性が小型犬を散歩する姿も絵になる。

　前述の中崎町とは異なり，東西南北に区画整理がなされており，細い路地は見当たらない。また，「家具の町」という同業種集積からスタートしたまちだけに，家具，インテリア，雑貨という共通項を持って出店する店が主流となっている。

　レストラン，カフェなどの飲食店であっても，内装・外装にデザイン性を強調する店が多いのは，その影響であろう。中崎町が，「普段着が似合うカジュアルなまち」だとすれば，堀江は「ちょっとお洒落して出かけるまち」である。

　さて，個店力のある店は，「立ち止まりたくなる店」「入りたくなる店」「体験ができる店」の何れかの要素を持っている。ということは先述したが，堀江は，なかでも「入りたくなる」要素が一番強い。

　店舗の街路に面した部分はほとんどがオープン形式。クローズドタイプの店でも基本はガラススクリーンで店の中まで見通せる。中に入るとどんな商品があり，どんな接客を受けるのか，店の外からでも容易に想像できる。だからこそ店内に入る抵抗感がない。入店してもすぐに店員が近寄ってきそうな威圧感

は感じられない。

　立花通商店街を東から入ると，すぐ右に「極楽堂」(写真)が目にとまる。近代的なビルやお洒落なブティックが並ぶ街路に，一際目立つ木造の屋根は，足を止めるに十分な存在感がある。この店は仏壇店であるはずだが，中はブティックになっている。どちらかといえば，中崎町的な店舗形態ではあるが，外内装をそのまま生かす中崎町とは違い，内装はすべて新しくなっている。

　同業種集積だけに，新居にこんな家具を置きたい，こんな生活がしてみたいと考える若い女性やカップルには，十分時間を費やせる格好のデートコースになる。なかには，従来型の家具店やディスカウント家具店に安い家具を求めて訪れるファミリーも多い。若い人が集まれば，若い人向けのカフェやレストランも増える。

　二代目が立ち上がってから約15年，いまはその次の世代へのバトンタッチが行われようとしている。持続可能（サスティナブル）なまちづくりには，世代交代が欠かせない。今の経営者は，次の世代にどう引き継ぐかを常に考え続ける必要がある。それには，若い人に来街してもらうまちにする。そのためには若い人に経営してもらう。それ以外に道はない。

　ここでは立花通商店街を中心に見てきたが，南堀江から北堀江に向かう道筋には，新たな店の出店が数多く見られる。堀江一帯のまちづくりはこれからも進化し続けるであろう。

6

個店力でみる新たなまちづくりの視点

（1）　個店力がまちを変える

　これまで，さまざまな事例を見てきたが，まちを変えるにはまず個店が変わ

る必要がある。個店が個店力をつけるしかないことは理解していただけたと思う。問題は，どうやってそれを推進していくかである。

　まちづくりには時間がかかる。今までみた事例でもまちが変わるには，最低でも10年はかかる。では手始めに何をするか，第1節に戻るが，公的支援は団体支援から個店支援に流れを変えつつある。まずはこのような支援を申し込むことによって，やる気をある店とやる気のない店の選別を行うというのも一つである。

　また，店の経営を若い人に思い切って任せてみるのも一つである。後継者がいなければ，若いやる気のある経営者に経営を任せてみる。新しいまちづくりや事業承継にはリスクが伴う。「やりたいようにやってみろ」というのは簡単だが，すべてうまくいくとは限らない。

　気をつけたいのは，店舗を変えようとする際に，現在の延長線上で変えないこと。どこかの店の真似をしないことである。新しい経営者の個性をどこまで出せるかで，成否が決まる。中崎町，堀江に行って，新しい店をじっくり見てほしい。若い人に人気のある店をよく観察してほしい。そこには，大都市の商業施設にはない，大型ショッピングセンターでは見たことがない店が，はっきりと自己主張して若い客を惹きつけている。

　店舗をリニューアルする際，壁紙の色を変え，照明を明るくし，漢字の店名をカタカナやローマ字表記に変え，多額の内装工事費をかけて若者向けの店に衣替えする経営者を見かける。

　若い人はそんなリニューアルでは店に来ない。せいぜい今まで来ていた固定客が，「随分きれいになりましたね」と褒めてくれるか「随分儲かってるのね」と皮肉られるのが関の山である。

　個性のない店は淘汰される。自己主張の無い店は淘汰される。個店力のある店は，内装も外装も個性の塊であり，自己主張の塊なのである。

（2）　まちの活性化は個店力強化から

　個店力の高いまちが生き残る。個店力の高い店が新たな需要を生み出し，若

い客を惹きつけ，その店がさらに次の個店力の高い店を呼び寄せる。この好循環が成り立てば，まちを変えることができる。

　まちの変化は「自由な発想」から始まる。家賃の高いテナント，営業時間やファサードに規制が多く，統制されすぎた商業集積には自由な発想は生まれない。

　まちの活性化には，若い経営者の進出が不可欠である。では若い経営者が進出しやすい環境とは何か。それは「安い家賃」「安い改装費」「規制のない自由な発想を容認してくれる」の3つの条件が実現できる環境である。ただし，「人通りが多いまちに近い」ことも必要条件である。

　そう考えると，たくさんの人が集まるまちから少し外れた，アーケードの維持管理費が要らない，組合の賦課金が要らない，いわゆる「裏路地」が最適な立地なのである。

　アーケードのある商店街から一本外れた裏路地に若い人が経営する面白い店が集まってくるのは，その現れである。そのようなまちが全国的に増えている。岐阜駅から柳ヶ瀬商店街へ向かう際に，神田町通りと金華橋通りの中間に位置する裏通りには，見るからに最近できたと思われる夜の営業を主流とした飲食店街がある。旧繊維問屋街がお洒落なまちへ変わりつつある。

　現存する商店街を活性化する。若者が住み，若者が経営し，若者が客として来るようなまちにしたいのなら，大きな発想の転換が必要なのである。もし近くに駅から近い非常に便利な立地に，寂れた商店街があるのなら，その一部を上記の3つの条件を揃えて，若い経営者を誘致してみてほしい。きっと喜んで出店してくれるはずである。

　人が通っているから安心。アーケードがあるから安心。駅に近いから安心。そんな時代はもう随分前に終わっている。持続可能はまちづくりとは，すなわち次の世代にどう引き継ぐかを考えること。自分の息子，自分の孫が喜んで住んでくれるまちになっているか。そのときどんなまちになっていてほしいかを明確に意識していないまちは，存在価値のないまちなのである。

（池田　朋之）

第8章

まちづくりと都市型観光

1 はじめに－都市型観光とは何か－

　近年，まちづくりの一環として観光が注目されるようになった。観光は来街者が増加することにより経済的な効果が見込めると同時に，地域コミュニティの維持など副次的な効果も期待できる。

　観光に関する人々の価値観が変化し，物見遊山型から体験交流型へとそのスタイルは移り変わりつつある。したがって，一般的な観光素材として認知されている寺社，旧跡あるいは観光施設だけが観光の対象ではなくなっている。まちにあるさまざまな資源が他のまちにない魅力的な素材であれば，知恵と創意工夫によって人々を魅了する新たな観光素材が生み出せるのである。

　本章では，一般的な観光素材がないと考えられる都市においても，観光を切り口としたまちづくりへの展開が可能となる新たな概念を「都市型観光」と呼び，このような新たな概念による都市型観光を活かしたまちづくりについて事例を交えて考察する。

　とくに近年注目されている地域資源の活用の視点や高齢者，障害者そして外国人をもてなすユニバーサルな視点を中心に都市型観光のありかたを論じてい

きたい。

2 まちづくりにもとめられる観光の視点

(1) 今日的観光のポイント

① 観光スタイルの変化

予め行程に組みこまれた箇所を大勢で訪ね歩く物見遊山型の観光スタイルから個人の価値観に基づき興味のあるところを見つけ滞在する体験交流型の観光スタイルへと変化している。人々の関心は「何を見たか」というよりも「何をしたか」ということに力点が置かれつつある。誰もが経験できることよりも自分独自の思いや価値観が反映された体験が求められているといえよう。

② 観光客の動向の変化

あ）日本人の国内旅行と訪日外国人客の動向の変化

平成19年度版観光白書によると2006（平成18）年度における国民1人当たりの国内宿泊観光旅行回数は1.73回と推計され前年度に比べ2.3％減少し，国内宿泊観光旅行宿泊数は2.77回と推計され前年度に比べ4.2％減少している。

一方，国土交通省平成18年度旅行・観光産業の経済効果に関する調査研究によると，2006（平成18）年度における国民1人当たりの日帰り旅行回数は3.2回となり前年度に比べ10.3％増加した。

景気動向の先行き不安やレジャーの多様化に加え，高速道路等交通インフラの整備が国内宿泊観光の伸び悩みや日帰り旅行の増加に拍車をかけている構図となっている。

他方，訪日外国人客は増加傾向にある。2006（平成18）年度の訪日外国者数は733万人であり前年度に比べ8.9％増加した。これは国土交通省が中心となって展開している「ビジットジャパンキャンペーン」の効果によるところが大きい。

第8章 まちづくりと都市型観光

※ ビジットジャパンキャンペーン

2010年に訪日外国人旅行者数を1,000万人とするとの目標に向け，日本の観光魅力を海外に発信するとともに日本への魅力的な旅行商品の造成等を行う取り組み。

い）変化に対応した取り組み

観光を切り口にまちづくりを考える際に，これら観光に関わる変化を踏まえた取り組みを検討する必要がある

先に述べた観光スタイルや日本人の国内旅行の動向の変化を踏まえ，そのまちで「何がみられるのか」よりも「何ができるのか」に力点を置いた「体験交流型」の観光プログラムをつくり，少しでも長くまち歩きを楽しんでもらう仕掛けを考え，滞在時間を延ばす取り組みが重要となる。

一方，訪日外国人の動きも無視できない。東アジアを中心とした新興国の経済発展等を鑑みると，今後わが国には今以上に多くの外国人客が増えるであろう。

また，訪日外国人の日本渡航のリピート化が進むにつれ，富士山や東京，京都，大阪といった国際的に知名度の高い観光地や都市に留まらず，全国のあらゆるまちに外国人客は訪れるようになることが推察される。外国人の来街は特定のまちだけの現象ではないことを認識しておくべきだ。

このように訪日外国人の利用を前提とした取り組みを行うことも重要であることをあることを理解しておくべきである。

② 高齢化社会と観光

高齢化の進展に伴い，居住者はもとより来街客も高齢者や障がい者が増えることを想定しておく必要がある。また，高齢者や障がい者が求めるサポートは十人十色である。きめ細かいサポートが，まち歩きの楽しさを決定づけるといっても過言ではないだろう。

スロープの整備や車椅子で利用できるエレベーター，トイレの設置等ハード面は充実しつつある。しかし，求めるサポートは多様化しているためハード面

のみでの対応では不十分であるといわざるを得ない。個々のニーズに合わせたソフト面での充実もあわせて進めていくべきである。

（2） まちづくりに求められる観光の視点とは

人々は観光に「訪問先で何かをしたい」「訪れた土地の人たちと交流をしたい」「同じ生活をしてみたい」「他では味わえない体験をしたい」といった体験や交流を期待している。また，高齢化社会の進展や訪日外国人の増加によって，まちづくりにおけるハード，ソフトの整備のありかたも変えなければならない。都市型観光におけるまちづくりで重要なポイントは，地域ならではの独自の資源を活かす視点，高齢者や障害者，そし外国人がまち歩きを楽しめ，かつ，居住者と交流できるユニバーサルな視点である。

① 地域資源の活用の視点

観光とは正に「光を観るが如く」である。そのまち独自の魅力を発掘し磨きをかければ，訪れる人にとって心に残る観光素材となりうるのである。ゆえに，まちのなかに一般的な観光素材として認知されている名所，旧跡や観光施設がないまちにおいても観光の概念を織り込んだまちづくりは可能なのである。

しかし，人々の価値観が多様化するなかで，まちの居住者だけでまちの魅力を見出せるものではない。居住者にとって魅力と感じないものが来街者にとって心を動かされるものであることもある。また，その逆も考えられる。そのため，都市型観光においては，居住者と来街者との交流を軸に，居住者のみならず来街者の声もまちづくりに活かし独自の魅力を発掘し磨きをかける継続性のあるスキームづくりが不可欠である。

② ユニバーサルな視点

まちを訪れる誰もがスムーズにまち歩きを楽しめ，居住者と交流ができるような仕組みづくりが必要である。車椅子でも行き来が容易になるようスロープやエレベーター等の設置やまちに慣れない来街客，とくに外国人客にも判るよ

うな多言語での地図，標識の整備等のハード面は勿論のこと，おもてなしやまち歩きをサポートするソフト面の充実も図っていく必要がある。

3 まちづくりに観光を織り込む取り組み

（1） 地域資源の活用

① 日常生活にあるまちの魅力への着目

まちをつぶさに歩いてみると他のまちにないユニークで魅力ある素材が見つかるものだ。また，それらは居住者の日常生活のなかに存在することもしばしばである。大阪の商店街における店と客との関西弁でのやりとり，中国や台湾における朝粥を食べる習慣等，日常での事象が観光資源となっている例は少なくない。

このような資源に注目をすれば従来型の観光資源が少ない都市においても，観光を切り口としたまちづくり実現することができる。

② 地域資源を活かす取り組み

2007（平成19）年6月29日に施行された中小企業地域資源活用支援促進法に基づき，独立行政法人中小企業基盤整備機構では，中小企業地域資源活用プログラムの一環として，地域の強みとなり得る産地の技術，農林水産物，観光資源等の地域資源を活用して，新商品・新サービスの開発等に取り組む中小企業者等に対し，事業の構想段階から商品開発，販路開拓等のアドバイス，ノウハウの提供等により事業化まで一貫したハンズオン支援を行い，事業を成功まで導くことを通じて地域経済の活性化を支援する取り組みを行っている。この施策を活用し，地域ならではの資源を活かしたユニークな観光プログラムを開発する事業者，組合等が増えている。直接的には事業者を支援する施策ではあるが，観光プログラムの集客行為が来街促進につながるため，まちづくりの一環ととらえることができよう。

(2) 地域資源を活用した観光まちづくり

① 着地型観光

あ）着地型観光とは何か

現在，旅行業界で研究されている取組みとして着地型観光がある。旅行会社は主に事業所所在地周辺に居住する顧客が居住地の外へ旅行する際，旅行企画や手配斡旋等を実施することで収益を上げているが，着地型観光は，来街客に対し事業所所在地周辺を案内することを事業の目的としている。旅行会社にとっては遠隔地よりも地の利のある地元の旅行企画を立てる方が情報収集を行いやすく，より多彩な企画を立てることが可能となる。

2007（平成19）年に旅行業法が改正され，不特定多数の客に自社が企画したツアーを募集する「募集型企画旅行」が認められなかった第3種旅行業においても営業所所在地および隣接する市町村内で完結するツアーであれば企画，募集を行うことができるようになった。

図表8－1　旅行業法改正後の旅行業者の業務範囲等

	業　務　範　囲				主な登録要件	
	企　画　旅　行		受注型	手配旅行	営業保証金	基準資産額
	募　集　型					
	海　外	国　内				
第1種	○	○	○	○	7,000万円	3,000万円
第2種	×	○	○	○	1,100万円	700万円
第3種	×	着地型観光	○	○	300万円	300万円

出所：国土交通省ホームページ掲載の表に筆者が一部加筆した。

第3種旅行業は，旅行業登録の種別の中でも登録要件である営業保証金や基準資産額が少ないため旅行業への参入が容易である。まちづくりに係わる各種団体やNPO法人，観光協会等の旅行業取得への動きが注目される。

い）着地型観光の事例（兵庫県篠山市　丹波篠山観光ステーション）

篠山市は兵庫県にある人口約45,000人の地方都市である。大阪，神戸から車

で約1時間圏内に位置し，豊かな自然や丹波黒豆を始め多彩な1次産品を求め，阪神間居住者を中心に年間約310万人もの観光客が訪れている。

しかし，同市での滞在時間は少なく宿泊者数は年間約14万人程度の水準で推移している。観光客の多くが，篠山城等の名所旧跡への訪問や中心市街地での散策を楽しむに留まっている。滞在型観光のプログラムが整備されていないため，地元ならではの体験，交流を味わっていないのが現状である。

このような状況を打破しようと，同市で旅行業を営む株式会社みずほトラベルが立ち上がり，平成20年春に丹波篠山観光ステーションを発足させ，地の利や地元人脈を活かした篠山ならではの体験交流型のツアーの開発，販売を開始した。

ツアーの企画にあたっては，地域ネットワークを駆使し，市，商工会，観光協会や地域住民が参画し，「市庁舎から見る篠山城」「地元出身の学芸員が案内する歴史美術館」等，ユニークな企画を打ち出している。同市へのツアーは1，2時間程度の滞在がほとんどといわれているなか，同ステーションの企画では5時間程度と滞在時間が延び，一般的なツアーにない体験ができると利用者にも評判である。

今後，同ステーションでは，豊かな自然を活かし居住者と観光客が交流できるプログラムを開発していく計画である。

② 産業観光
あ）ニューツーリズムと産業観光

観光スタイルの変化に伴い，地域資源を活用した体験交流型の新たな旅行形態が注目されている。地域の地場産業を観光資源ととらえた「産業観光」や長期滞在を通じ地域とのより深い交流により豊かな生活を実現する「長期滞在型観光（ロングステイ）」等があるが，これらにエコツーリズム，グリーンツーリズム，ヘルスツーリズムを加え，特定のテーマによって形成される観光の概念を総称してニューツーリズムと呼んでいる。

都市型観光を考えるにあたり，とくに着目したいのが産業観光である。従来

型の観光資源を有しなくても観光によるまちづくりを成立させることができる一つの切り口と考えられる。

　2007（平成19）年6月29日に閣議決定された向こう5年間のわが国の観光の目指すべき方向性を示した観光立国推進基本計画によると産業観光を「歴史的・文化的価値のある工場等やその遺構，機械器具，最先端の技術を備えた工場等を対象とした観光で学びや体験を伴うものである。産業者技術の歴史や伝承すること，現場の技術に触れることは，当該産業等を生んだ文化を学ぶことであり，将来的な産業の発展のためにも重要な要素である」ととらえている。

　わが国の産業を自然，文化や歴史的建造物等とならんで重要な観光資源の一つととらえているのである。

　ものづくりを中心に経済成長を遂げたわが国において，このような産業観光の概念は日本ならではの魅力ある資源を活かすことにつながり，工業都市，とりわけ企業城下町といわれる都市においては有効な方策となろう。

　従来型の観光資源が少ない都市においても，産業を観光資源ととらえることで都市型観光を実現することが可能となる。

い）産業観光の事例（兵庫県尼崎市　メイドインアマガサキツアー）

　尼崎市は兵庫県南東部に位置する人口約46万人の工業都市である。古くから工業集積を強みに発展し，わが国のものづくり基盤を支えてきた。そのため，工業分野におけるオンリーワン企業，ナンバーワン企業が多数存在している。

　まちづくり会社である株式会社ＴＭＯ尼崎では，まちの独自性を反映した名産品等を公募し，市民，商業者や有識者が評価，認定する「メイドインアマガサキコンペ」の取り組みが行われている。

　このコンペで受賞した企業を訪ねるツアーを，尼崎商工会議所が中心となって企画している。「日本一，世界一」「地元産調味料」「ベイエリア」等5つのテーマでコースが設定されている。現時点ではモニターツアーの実施にとどまっているが参加者からの評判も高く，工業都市尼崎を観光のまちとしても発信することで交流人口の増加を目指している。

（3） 集客に欠かせないユニバーサルな視点

　訪れたことにないまちに行くと戸惑うことが多い。それは土地勘のなさによるものとは言い切れない。公共交通機関の発着場所，走行ルート複雑さといったいわゆる2次交通の問題や，地図，標識，案内看板等のガイド機能の問題等多岐にわたっている。ましてや身体の不自由な高齢者や障害者，言語の問題がある訪日外国人にとってはこれらの諸問題は，楽しいまち歩きを阻害する大きな要因となっている。

　これらの問題は居住者，来待者双方が利用しやすいハード，ソフト両面からの改善は図れるものと考える。高齢者や障害者，訪日外国人に対してのサポートも同様であろう。まちを訪れるあらゆる人に優しいユニバーサルな視点が，観光まちづくりには不可欠である。

①　まちのガイド機能（案内所）のあり方

　駅やバスターミナル，空港等まちの玄関口に設置された案内所は，来街客が最初に目にするまちの施設である。来街客の求める質問に的確に答えるとともに，来街客が当地において不安なく快適に過ごせるようサポートすることが求められている。ホスピタリティも重要な要素であり，入りやすく，相談しやすい雰囲気を醸成する必要がある。

　案内所のなかには，当地の地図や観光スポット等のパンフレットを並べるだけで，係員を配していながら来街客をもてなす雰囲気がないところが少なくない。上述の機能を果たしていないばかりか，来街客の印象を悪くしているケースもある。以下に掲げるように，機能やホスピタリティを充実させ来街客の評価を案内書の運営に反映させる取り組みを行うべきである。

　機能面の充実の観点では，パンフレットの配布にとどまらず，「食べる」「遊ぶ」「泊まる」「買う」といった滞在シーンごとの案内，目的地までの2次交通の案内から，薬局や医者，交番や警察等の緊急時に不可欠な箇所を告知する等，滞在を楽しくかつ安心に過ごせるよう来街者の視点での資料の整備や係員の教育を行う。

ホスピタリティの充実の観点では，もてなしの心が来街者の気分を高揚させ不安を取り除くことを理解し，基本的な接客態度を係員が身に付けるとともに，積極的に声がけをすることで歓迎の意を表すべきである。不慣れな地で心温まるもてなしを受けることは来街者にとって大きな喜びにつながり，好印象を持つことにつながるだろう。

　来街者の評価を反映させる観点では，案内所がまちの魅力を高める大きな役割を果たしていることを認識しその機能を充実させるとともに来街客にとって役に立っているのか否かを評価すべく定期的なアンケート等を実施し，その中で指摘を受けた点について直ちに改善する等の方策を採り組織の活性化を進める。

　居住者にとってまちは日常生活の場であるが，来街客にとっては非日常の空間であることを意識し，そのために何をすべきか考えてもらいたい。

② 高齢者，障がい者からの視点

　観光まちづくりを語る言葉として「訪れたいまちが住みたいまち」というくだりがある。高齢化社会において，高齢者，障がい者がまち歩きを楽しめるようになるということは来街客のみならず居住者にとっても重要なことである。

　バリアフリーに関しては，ハード面での整備が進みつつあるが，それだけでは限界がある。それを補うのが人を介したサポートである。高齢者，障がい者の視点の事例として，ＵＴＣ神戸（兵庫県神戸市）の取り組みを紹介する。

　神戸へ訪れる高齢者，障がい者のまち歩きを，障がいをもつ居住者がサポートする事業が注目されている。

　ＮＰＯ法人ウイズアスが運営するＵＴＣ(UNIVERSAL TOURISM CONCIERGE)神戸では，神戸に訪れる高齢者，障がい者に対し，障害を持ったメンバーが案内するとともに，宿泊施設やリフト付タクシーの手配，介護人派遣，看護用品レンタル，緊急時のサポート等快適で安心な滞在を総合的に支援する事業を行っている。

　この事業で特筆すべき点は，障がい者の目線でサービスを行っているという

ことである。例えば，食事においては刻み食を手配する，ホテルの手配においても身体の状況に応じた部屋タイプを選定する等きめ細かい。また，まち歩きの案内も車椅子の通りやすいルートを選択する等，ハード面で不十分なところをソフト面でカバーしている。

また，この事業に参画しているホテル，レストラン，タクシー等の観光事業者においてもバリアフリーの概念が浸透するといった波及効果が生まれている。

従来，障がい者の旅行においてはこのようなサービスがなかったため，介助者の同行が不可欠であったが，UTC神戸の利用者は単独で神戸へ訪れるケースが多く，旅行費用全体の低減化も図れる等のメリットが大きい。UTC神戸のビジネスモデルの全国的な波及が求められているといえよう。

③ 外国人からの視点

訪日外国人が日本のまちを散策するにあたって壁となっているのが，言葉と文化の違いである。このことは訪日外国人に留まらず，受け入れるまちにとっても同様の問題となっている。

言葉や文化の違いからお互いの理解が進まず，まちの印象を損ねたり，外国人の来街を意図的に避けるケースもあるだろう。

しかしながら，これらの違いも創意工夫で解消できるものと考える。外国人からの視点の事例として，大阪ミナミおいでやすプロジェクト（大阪府大阪市）の取り組みを紹介する。

大阪ミナミエリアの商店街を中心に隣接する百貨店，旅行会社，クレジットカード会社や行政が連携し，商店街に訪れる訪日外国人（訪日客が増加している中国人観光客が主なターゲット）に対し買物が楽しめるよう，言葉や文化の違いを解消するさまざまな取り組みを行った。

中国語標記のホームページやガイドブックの作成，個店への中国語のPOP作成のサポート等を行い言葉や文化の違いの解消を図るとともに，中国のデビット・カードである銀聯（ぎんれん）カードが使用できる店舗を増やす等買い物をしやすい環境を整えている。

このような取り組みは，訪日外国客の買い物の促進に繋がるとともに，受け入れるまち側にとっても言葉や文化の違いによる外国人の来街への抵抗感を少なくする方策であろう。

4 メリットと今後のテーマ

　地域資源の活用の視点，おもてなしやさまざまな障害，壁を排するユニバーサルの視点から都市型観光におけるさまざまな取り組みを考察してきた。

　それらに共通することは，まちの外からディベロッパーがやってきて行うような大規模かつハード的な取り組みではなく，基本的には居住者が中心になって地の利や地域ネットワークを生かしてできるソフト的な取り組みであるということである。

　しかしながら課題も多い。居住者だけで来街客にとって魅力あるものができるのだろうか，来街客は呼び込めるのだろうか，居住者と来街客とのトラブルはないのだろうか。

　都市型観光の成立において今まで論じてきた視点のメリットを踏まえるとともに，取り組みべき今後のテーマについても考えてみたい。

（1）メリット
① 地の利や地域ネットワークの活用の意義

　兵庫県篠山市の丹波篠山観光ステーションの例では，篠山の土地勘と行政，事業者，個人等の幅広いネットワークが，魅力ある観光プログラムづくりの原動力となっている。このため，当地から離れた旅行会社ではできない独自性の高いものが生み出され，来街客の滞在時間の増加や満足につながった。地の利や地域ネットワークはその土地ならではの魅力を生み出す必要不可欠なものと考えることができよう。

第8章 まちづくりと都市型観光

② 地元のよさの再発見

　居住者にとっては，気付いていなかったまちの魅力を知る機会となっている。篠山のケースでは運営母体の旅行会社の社員で当地に長く居住するスタッフでも知らない魅力があったと聞いた。また，筆者は兵庫県尼崎市に居住するが，メイドインアマガサキツアーで巡る企業を半数以上知らなかった。しかし，自らのまちにある企業が日本や世界において冠たる地位を確立していることを知り，この地に住むことを誇りに感じた。

　このように地域資源を活かした取り組みは，来街客に留まらず居住者にもその魅力を感じさせ，地元のよさを再発見させる取り組みなのである。

③ 相互理解と来街者を思いやる気持ちの醸成

　ユニバーサルな視点とは，相手を思いやる気持ちである。知らないまちで不自由することのないよう，誰であってももてなす姿勢があれば，訪日外国人であろうと高齢者や障がい者であろうとまち歩きを楽しんでもらうことが可能な仕組みができる。その取り組みによって生じる居住者と来街者との交流が相互理解を生み，お互いを大切にする思いに発展するものと考えている。

（2）今後のテーマ

① 直接的な情報発信

　まちの情報発信は，基本的には他者任せにせず自ら発信するべきである。その方がまちの魅力が伝わるからである。ホームページやブログ等を活用し，親しみやすく判りやすい情報発信をタイムリーにかつ多頻度で配信することで，各地の閲覧者に訴求していくことを心がけたい。また多言語対応や音声が出る仕組みを導入するなど多くの人が情報を活用できる仕組みも検討したい。

② 居住者と来街者の長期的な関係構築

　居住者にとっては魅力があると思われる観光プログラムやサービスも来街客の視点ではそうではないものもあるだろう。そこで来街客のニーズや要望を吸

収する仕組みが必要となる。

　定期的なアンケートやソーシャル・ネットワーキング・サービスの開設，まちのファンクラブの設置等来街者がまちのフアンになる仕組みやリアル，バーチャル両面での交流が図れる取り組みを行うことで長期的な関係構築を図り，居住者と来街者がともにまちづくりを考える関係を構築することを目指したい。そのことにより，居住者にとっても来街者にとっても楽しめるまちが生まれるだろう。

5 まとめ

　都市型観光のあり方を，地域資源の活用の視点，ユニバーサルな視点の両面から論じてきた。換言すれば前者は他所の真似や借り物ではなく自らのまちのあるものに着目してそれを活かすことであり，後者はそれぞれの違いを越えて皆が楽しめるまちづくりを人間的な目線で考えるということである。

　観光まちづくりとは極めてオーソドックスな概念のものであり特別なことではないのである。したがって，観光地，都市の区別なくまちづくりの基本的な考えとしてとらえるべきではなかろうか。「都市」と「観光」は別のものではなく，まちの個性に応じたまちづくりを進めることが都市型観光のあるべき姿であるといっても過言ではないだろう。

　一方，提供する観光プログラムやサービスも，至れり尽くせりのパッケージツアーのような性格のものではなく，来街者がまるでその地域の一員のように溶け込んで滞在できるようなものであるべきだ。また来街客を受け入れるために居住者にしわ寄せがいくような姿は観光のあるべき姿ではない。居住者，来街者ともに楽しめるまちづくりが都市型観光の目指すところである。

（小泉　寿宏）

第9章

都市再生のためのICT活用とは

1 はじめに

　都市を再生するためには，扇の要の位置にある中心市街地の活性化が不可欠である。ただし，財政逼迫のなかで，行政にすべてを公費で賄えとはいえない。そこに官民一体となった再生事業という発想が生まれる。いささか官よりの発想だが，中活法が制定された理由もここに求めることができるだろう。

　この推進体制で，当初「民」の側の担い手として期待されたのは，日常の活動がもっとも中心市街地に密着している商業者であった。中心市街地の衰退は，商業者にとって死活問題であり，主体的な取り組みが期待されたのは当然であったともいえよう。しかし，中心市街地の衰退とともに余力を失い，ばらまき型の助成金制度のなかで自助努力する意欲を失った商業者にこの役割を期待することはできそうもないことが次第に明らかになってきた。そこで，商業者以外の担い手が広く探索されることとなったのである。

　このような視点から再び中心市街地を眺めてみると，そこには多くの人々が往来している。たとえば，主婦や学生などは，ほぼ終日に渡ってまちなかで見かけるし，65歳以上人口が20％を超えようとするなかで[1]高齢者の姿も多く

見るようになった。今後，リタイアの時期を迎える団塊の世代も地域に戻ってくる。

　個人だけではなく，地域には組織化された担い手候補もいる。中心市街地には従来から地域団体，市民団体，ＰＴＡ，同業組合などさまざまな組織が活動していたが，昨今はこれに加えて社会起業家（ソーシャル・アントレプレナー）やＮＰＯ（特定非営利活動法人）など新しい形態の組織が多様な活動を展開しはじめている。少子化のなかで地域連携に活路を見いだしたい大学も関心を示している。このような多様な主体が，行政や商業者など従来からの担い手と連携しながらまちづくりに参加するというのが，改正中活法のグランドデザインとなっている。産官学民の参画によるまちづくりとは，多様な主体が連携するなかで相乗効果を発揮し，地域の総合力を高めるという，社会関係資本（ソーシャル・キャピタル）をベースとしたまちづくり手法の提案であるととらえることができよう。

　しかし，これらの新たな担い手たちは，中心市街地という同じ場所で日常を過ごしながらも，実はほとんど接点をもっていない。住民が商業者のお店で買い物をすれば，当然何らの会話を交わすだろうが，必要以上の会話が交されることはなく，中心市街地に新たな価値をもたらす活動が生まれる可能性はきわめて低い。「接点」はあっても「協働」にはつながらないのである。異なったグループは，中心市街地という狭い範囲のなかで，パイの皮が重なるように，互いの存在に関係なく独立に活動している。接点のないレイヤー(層)の重なりが賑やかな雑踏と見た目にはうつる。一方で，同じレイヤーに属する人々は日頃から密接にコミュニケーションをとり，接触頻度も高い。では，このような状態は，地域や住民，地域の産業にとって望ましいことなのだろうか。

　近年の社会的ネットワークに関する研究成果から，構造的空隙[2]の少ない緊密なネットワークは参加するメンバーにメリットをもたらさないことが明らかになってきた。グラノベッターは転職行動を観察するなかで，相互にリンクされた緊密なネットワークの外側で，別の緊密なネットワークとかすかにつながる「弱い紐帯」こそが転職者に大きなチャンスを与えることを発見し，これを

「弱い紐帯の強さ」"The strength of weak ties" と呼んだ[3]。弱い紐帯でつながった複数の緊密なネットワークからなる構造は，ネットワークの結節点であるノードとしての地域の組織や所属する市民にも恩恵を与え，ネットワーク全体，すなわち地域にも社会関係資本の増大という形で恩恵をもたらす。この互恵関係による相乗効果こそが産官学民という異なった主体の協働の真の効果なのである。しかし，先ほどから観察しているように，地域社会の社会的ネットワークは長い時間のなかで強化され固定化された緊密で均質なグループが独立して存在する状況にある。

実は，この状態から空隙の多い，弱い紐帯を含んだネットワークへと転換を図ることはそれほど困難ではない。ワッツとストロガッツは，単純なモデルを用いて，規則的なネットワークのリンクをわずかに掛け替えるだけでネットワークの性質が大きく変化することを示した[4]。規則正しくクラスター化されたネットワークにランダムなリンクを加えていくと，わずかなリンクを足しただけでメンバー間の距離は劇的に縮まる。グラノベッターとワッツの理論に沿って解決方法を考えるなら，中心市街地に関係する多様な組織をつなぐリンクをいくつか作れば，孤立した個人や組織は互いに距離を縮め協働へと向かうこととなる。このとき，ベースとなるクラスターの行動力や結束力が強いことが前提となることはいうまでもない。強力なクラスターをつなぐからこそ，効果が期待できるのである。

ＩＣＴ (Information and Communication Technology) による地域情報化に今，期待されているのはこのような役割である。しかし，これまで中心市街地の情報化といえばもっぱら商業者の情報武装であった。パソコンが普及した時期には会計処理から経営管理の電子化まで，商業者のＩＴリテラシー，すなわちＩＴを使いこなす力の向上に多くの労力と時間が費やされた。その後，インターネットの時代になっても，ポイントカードシステムや顧客管理，ＥＣ（電子商取引）の導入などにとってかわっただけで，商業者の売上向上こそが地域情報化の目標であると理解されてきた。一方で地方自治体は地域の情報インフラの整備が地域情報化であるとして，インフラ整備を積極的にすすめたが，インフ

ラがもたらす効果にまでは踏み込むことはなかった。

　この章では，地域情報化の新しい視点として，まちづくりやタウンマネジメントといった中心市街地での取り組みに寄与しうるＩＣＴ活用の方向性を検討することにしたい。

　産官学民の参画によるまちづくり活動は，住民や商業者といった地域の人々が対面的な交流を継続的に行うことによって成り立っている。一見すると，この種の地道な活動はＩＣＴとは対極に位置するように感じられるだろう。一般にＩＣＴは，時間や空間からの自由を保証するものであり，日常の人間関係のしがらみから逃れて自由にコミュニケーションできることが利用者を引きつける魅力になっていると思われがちだからである。

　しかし，近年のＩＣＴの急速な浸透は，中心市街地での人々の取り組みに影響を与える段階にまできている。そして，この段階で再び点検してみると，ＩＣＴが今後解決していくべき課題と地域での活動には少なからず共通点があることがわかる。

　そこで，まず社会全体としてのマクロな情報化の進展について整理した後，地域情報化の方向性と望ましい担い手について考察を加え，地域情報化の目指すべき方向について提言する。

2

情報社会の進展と中心市街地への波及

（1）「情報化社会」から「情報社会」へ，「ＩＴ」から「ＩＣＴ」へ

　情報化の進歩は早い。そして，新しい技術や利用方法があらわれるたびに新しい言葉が生まれる。とはいえ，これらの新しい言葉がすべて本質的な変化を示しているわけではない。ときには期待だけが先行して実態を伴わない言葉も，あえて新しさを印象づけるため意図的に作られた言葉もある。しかし，新しい「ことば」が生まれたということは，その言葉が指し示す「実態」にもなんらかの変化があったということであろう。

第9章 都市再生のためのICT活用とは

　そこで最初に情報化を巡る言葉の変化から「実態」の変化をさぐることにした。ここで取り上げる言葉は「情報化社会」から「情報社会」へ,「IT」から「ICT」への変化の2つである。

　まず「情報化社会[5]」はもっとも基本的な用語である。正確は「用語だった」と過去形を使うべきであろう。この10年ほどの間にインターネットや携帯電話など,情報技術が社会の情報化を急速に加速させた。数年前までは「情報化社会」,あるいは「高度情報化社会」という言葉が頻繁に用いられていたものだが,ここから「化」がとれて今は「情報社会」,「高度情報社会」という言葉が定着してきている。「化」という言葉は変化している状態をあらわす。つまり,「情報化社会」から「情報社会」への転換とは,工業社会からの移行期が終焉を迎え,知識や情報を基盤とする新たな時代が始まったことを意味する。

　同時に情報社会を支える基盤技術についても同様の用語の変化がみられる。これまで情報技術にはIT（Information Technology）という略語が用いられてきたが,最近ではこれに替わる言葉としてICTが多く用いられるようになってきた。ITは情報処理という技術に軸足をおいた表現である。これに対して,ICTには,「通信」という要素が加えられている。情報の交換である通信という要素を入れただけで言葉の方向性は大きく転換した。すなわち技術志向から利用場面重視への変化である。

　このような言葉の微妙な変化から読み取れるのは,技術革新が関心事だった移行期がおわり,情報社会では技術の使い方に関心が移ってきていることである。地域情報化が注目を集める情報時代は,技術の使い手であるユーザーとユーザーの欲する利用方法に注目が集まるICTの時代でもあるのだ。

　面的な拡がりが加速するなかで,今後さらに生活に浸透していくであろうICTは,否応なくわれわれの暮らしに影響を与える。では,中心市街地にとってICTは脅威となるのだろうか。あるいはチャンスなのだろうか。

　光があれば,必ず影はできる。今まで存在していなかった新しい技術には必ず光と影があり,その影響が大きければ大きいほど,問題点も目につきやすい。本章では光と影の両面を公平に取り上げることは,あえてしないつもりであ

る。ＩＣＴの普及，あるいは社会の情報化が避けられない変化なのだとすれば，変化に対応し，脅威をチャンスに変えるような提案の積み重ねこそが問題を解決する方法と考えるからである。ＩＣＴがこれまでの技術と決定的に違うのは，その柔軟性である。解決困難と思える課題に対しても，ＩＣＴの持つ柔軟性を駆使して必ず解法が見つかるはずである。

（２）　なぜＩＣＴに脅威を感じるのか

　とはいえ，多くの地域住民や商業者にＩＣＴが脅威とうつっているのも事実である。それはなぜなのか。第一に，その変化があまりに急速だからであろう。急激な変化に対して人はとかく防衛的になりがちである。ほんとうの影響を見極める前にとりあえず身構えてしまうのだ。

　このように，恐れをいだいているから，マイナス面だけにことさら目が向く。たとえば買い物を例にとって考えよう。電子商取引の普及が地元の商店街での買い物と競合することは十分に予想できる。しかし，次世代電子商取引推進協議会（ECOM）が実施した「平成16年度電子商取引に関する実態・市場規模調査」によると，2004年のＢtoＣ－ＥＣ[6]の全消費にしめる割合は，まだ2.1％でしかない[7]。まだまだインターネットは地域商業の敵ではない。今後，ＥＣが本格的な拡大をする前に，ＩＣＴを理解し取り込むことが，ＥＣに対抗する地域商業者の進むべき方向であろう。しかし，地域の商業者がそのときにとるべき行動は，ネット通販に打って出ることでも，顧客情報の高度な活用でもなく，今までの顧客を含む地域社会の活性化を顧客や地域社会との協働で実現することであり，これこそが，地域商業者にとってのＩＣＴ活用の今日的課題なのである。

3

バーチャルリアリティーからオーグメントリアリティーへ
－その変化が示唆すること－

　ここでは多少視点をかえて，多様な主体の協働を実現するためのＩＣＴ活用の方向性について，技術的な要素を加えて評価をしたい。多少，迂遠な解説になるかもしれないが，ここで取り上げるのは，バーチャルリアリティーとオーグメントリアリティーという情報技術である。この２つの違いについて検討をしながら，ＩＣＴを地域が取り入れるのではなく，今後のＩＣＴにとって地域という場は重要な意味を持っていることを確認していきたい。

（１）　アニメ「電脳コイル」にみるオーグメントリアリティー

　2007年にＮＨＫ教育テレビジョンで放映された「電脳コイル」というテレビアニメがある。ちなみに「電脳」とは中国語でコンピュータを意味する。このアニメは現実の世界をぴったりと覆うような電脳世界，つまり仮想空間が現実の空間と併存する近未来が舞台となっている。登場人物は現実世界の情報を「電脳メガネ」とよばれるヘッドマウントディスプレイ状のデバイスを通して見る。デバイスというと大仰だが見た目にはただのメガネである。このメガネは透明なので，レンズをスクリーンとして映し出される電脳世界とレンズを通して見る現実の世界とは重なり合って目に映る。しかも，このメガネをかければ，電脳世界に存在するさまざまな「モノ」は現実に存在するかのごとく，手を伸ばせば実際に操作も可能という設定である。

　このように現実の世界に画像や文字などの情報を重ね合わせて表示する技術を，オーグメントリアリティー（Augmented Reality　強化現実，拡張現実，強調現実などと訳される）とよぶ。類似の要素技術を使いながらも，オーグメントリアリティーが示す方向性は，少し前までの主流であった仮想世界，バーチャルリ

アリティーとは明らかに異なる。バーチャルリアリティーが現実の世界とあえて「距離をおいて」別の世界を築こうとしているのに対して，オーグメントリアリティーの主体はあくまでも現実世界であり，現実世界に「寄り添って」現実世界を補完して強化する役割を担おうとしているのである。

　ただ，現状ではオーグメントリアリティーを実現化するためには技術的に解決すべき課題が多く，アニメやＳＦの世界ではすでに定着しているが，実際に普及に至った例は軍事技術やゲームなどを除いてほとんどみることができない。

（2）バーチャルリアリティーの失敗－ＭＭＯＲＰＧとセカンドライフ－

　一方のバーチャルリアリティーはオーグメントリアリティーに比べて長い歴史がある。しかし，現在のＩＣＴを構成する要素の中で存在感があるかというとかなり疑問である。ＩＴにおける技術革新により，ＳＦやアニメが夢見た想像の世界は次々に実現した。そのなかで唯一，バーチャルリアリティーはＳＦが期待したほどには発展してはいない。バーチャルリアリティーを用いたゲームやインターネットサービスは，繰り返しあらわれては支持を獲得することができずに消えていった。

　そのなかには多くの参加者がひとつの世界に同時に参加してゲームを楽しむMMORPG (Massively Multiplayer Online Role-Playing Game：多人数同時参加型オンラインロールプレーイングゲーム) のように，すでに数万人規模での利用者を擁するサービスも存在する。しかし，利用者が参加する目的はあくまでもひとりでゲームを楽しむことにあり，たとえ参加者間のコミュニケーション手段が提供されていたとしても，それは主たる目的ではない。

　ゲーム以外のバーチャルリアリティーとして記憶に新しいのはリンデンラボの「セカンドライフ」であろう。セカンドライフはMMORPGと似たインターフェイスを持っているが，ゲームではない。セカンドライフには達成すべきミッションもなければ，最初から用意された筋書きもない。参加者はただこの空間に入り，ここでなにかを作ったり，すでにあるアイテムを利用するだけで

ある。この意味でセカンドライフはより純粋なバーチャルリアリティーである。ゲームでは原則禁止されている仮想通貨と現実の通貨との兌換も最初から制度に組み入れられている。参加者は現実社会の貨幣を用いて仮想の土地を購入し，仮想空間の中から現実社会のモノやサービスを購入することもできるという構想であった。

　セカンドライフは社会性のあるバーチャルリアリティーとして初めて成功するのではと期待された。しかし，鳴り物入りで登場したにも関わらず，その後のユーザーの伸びは低調である。この原因はさまざまな角度から分析されているが，アバターの操作性や，画面の精密さなど，セカンドライフ固有の問題に原因を求める意見が多い。確かにMMORPGの精緻な画面やスムースなアバターの操作に慣れたわが国の利用者にとって，セカンドライフの操作性は見劣りする。しかし，セカンドライフの失敗は，バーチャルリアリティー自体が持っている本質的な問題に起因するのではないかと筆者はとらえている。

　文字や映像情報を中心とした情報通信の世界では，身体性の問題と距離を置くことができた，これに対して，バーチャルリアリティーではアバターという擬人化されたシンボルを操作し，現実に似せてつくられたサイバースペースに入り込むことで，かえって身体性を意識せざるを得ない状況が生まれる。このことでリアルとバーチャルとの乖離がかえって鮮明に意識化されざるを得なかったのではないかと思えるのである。

（3） オーグメントリアリティーが示唆する地域情報化のあり方とは

　バーチャルリアリティーの失敗を反面教師として登場したオーグメントリアリティーは，現実との折り合いの付け方に一日の長がある。むろん，アニメが描いた世界がそのまま出現するのではない。すくなくとも筆者は電脳メガネをかける日常生活など想像したくはない。オーグメントリアリティーが提起する本質的なテーマは，現実の世界との関係性ではないかと考える。

　現実から逃避して，というと言い過ぎかもしれない。現実世界のしがらみに

とらわれない関係を構築したいという願望がバーチャルリアリティーの背景にあるとするなら，現実の世界と密着した仮想空間を作ろうというオーグメントリアリティー方向性の方がより地域情報化の本質に近い。

現実の空間と仮想空間，ＲＭＴに象徴されるような経済活動，人間関係，すべての領域で，インターネット上の情報は現実との何らかのつながりを必要としている。生活場面に拡大しつつある情報通信の世界が必要としているのは，現実を優先し身体性の問題と向き合うことだ。オーグメントリアリティーの登場はこれからのＩＣＴのあり方そのものを象徴しているのではないかと考えられる。

とするならば，地域情報化は地域にとって必要であるだけでなく，ＩＣＴにとっても身体性という問題と向きあわざるをえない生身の人間との関わりを試すための格好の舞台であるともいえるのである。

4
地域情報化の担い手

地域情報化を実際のサービスとして提供するのは誰が適任なのか。地域情報化を推進の主体別に整理すると，「地方自治体」「インターネット事業者」「地域の住民や商業者」という３つに分類できる。この三者のなかで，運営者，推進者としてもっともふさわしい主体を探ってみる。

（1） 地方自治体

これまで地方自治体は地域情報化を推進する中心的な主体でありつづけてきた。地方自治体が推進してきた情報化を分類すると，行政事務の情報化と，住民サービスの一環としての情報化の２つに分けて考えることができる。

このなかで，行政事務の情報化が優先されたのは，政府がe-Japan政策を推進するなかで，地方自治体には電子市役所の構築が求められたことが背景にある。

しかし，内部事務の情報化が一段落した後には，学校や福祉分野など市民との接点を幅広く持つ業務へと対象領域が拡大していく。この段階では行政事務の情報化と地域情報化とは，継ぎ目無く連携がはかられねばなない。このなかには，従来からの地域の情報インフラの拡充を目指す取り組みと，インフラを活用した狭義の地域情報化施策とがある。

インフラ整備は巨額な初期投資が必要であるにもかかわらず，資金回収には長い期間が必要となるため，民間企業が事業化しにくい領域である。地方自治体に期待される地域情報での役割は第一にこの通信インフラの整備であり，インフラを活用するサービス展開では側面的な援助として助成金制度が行政施策の中心になるだろう。行政はサービス提供者としては適切ではないからである。しかし，他の主体が展開するにせよ，助成金がなければ運営を維持できないプロジェクトは，最初から存在意義はないだろう。壮大な目標を表明しながらも，行政からの支援が途絶えた途端にプロジェクトそのものが雲散霧消してしまう事例がこれまで多数あった。

また助成金を決定する際にも，評価の公平性を担保するために技術的な先進性が基準になりがちである。評価する行政も，情報化プロジェクトを任された担当者も，ＩＣＴになると途端に技術的な先進性が期待されているという考えにとらわれてしまう。しかし実際に求められているのは導入がもたらす効果である。情報化は目的ではなく手法でしかない。

（2） 事業者による取り組み

インターネット上でサービスを提供する事業者にとっても，地域社会は魅力的なマーケットに見えるようある。多くの事業者が地域情報化の事業化に挑んだが，有効な事業モデルの構築ができず，その多くはすでに撤退している。

失敗した事業モデルに共通する特徴は，全国一律のモデルを確立し，これを各地で水平展開しようとしたことであった。たとえば地域ポータルを運営する場合に，地域情報誌の編集システムをモデルとして事業を組み立てるといったことがこの例に当たる。全国一律のひな形を作っておいて，これに各地のコン

テンツを埋め込み編集すれば，効率的な運営が可能と目論んでのことであろうが，実際には地域の独自性は共通性よりも大きく，ひな形でカバーできる範囲は想定よりも少なかった。さらに，地域ポータルの収益源となっている広告も利益の薄い事業であり，地域のなかの広告主を丹念に開拓できる営業組織も課題であった。つまり旨みのあるビジネスではなかったのである。

ただし，特定の地域を対象とするサービスといえども，もとめられる品質は全国規模のサービスと変わらない。個人情報保護やセキュリティーに対する法的な整備がすすみ，利用者の関心も高くなった今日では，好事家が善意でサービスを提供していた草の根ＢＢＳ[8]の時代とは違い，自宅にサーバを設置しボランティアとしてサービス提供するような運営形態は難しくなってきている。事業者がもつサービス品質に関連したノウハウや，保有するソフトウエア資産は，経験と資金力に乏しい地域の主体者にとっては魅力的である。

（3） 住民や商業者による取り組み

地方自治体，専門事業者と検討して，両者ともに地域情報化の担い手としては一長一短があることがわかってきた。これらの主体の問題点を解決しうる主体は，地域にいる住民や商業者である。行政は市民共同参画という形で，事業者は事業パートナーという形で，それぞれ住民や商業者との共同事業化の道を探している。

しかし，両者ともに現状で地域情報化を担うには問題点も多い。商業者はＩＣＴの可能性を十分に理解していないか，ＩＣＴを競合する存在として疎ましく思っている場合が多い。住民は事業を維持する資金力に欠けることが多く，地域での活動を展開する時間的余裕にも限界がある。

地域を対象にしたサービス提供は事業的には成立の難しい業態であったが，全国規模でサービスを展開するサービス提供者と地域の状況に精通し，人的ネットワークに通じた適切な運営者がタイアップすることで，今後，事業として発展する可能性はある。

5 新しい地域情報化の手法としての地域ＳＮＳ

（１） 地域ＳＮＳとは

　地域ＳＮＳとは，特定の地域をサービスの対象としたＳＮＳ（ソーシャルネットワーキングサービス）である。ＳＮＳとは，ひとことでいうとユーザー同士の信頼感に基づいたインターネット上の閉じられたコミュニケーションスペースであり，ユーザー同士の関係性によって開示する情報を管理できる仕組みを持ったサービスである。参加したいと思えば，既存会員から紹介をうけなければならない場合も多い。自分の情報をどこまで開示するかは自分で決めることができ，親しい人には多くの情報を，親しくない関係の人には開示をしないという使い分けが可能な仕組みを持っている。

　このようにＳＮＳの特徴は閉じられた関係性のなかでの安心にあるのだが，サービス提供者とっては，利用者をひとりでも多く獲得することが経営上必要である。このために主要なＳＮＳは「閉じたネットワーク」とはいえないほど多くのユーザーを抱えている。ユーザーにとっても友人を増やしたいと思えばユーザーが多い方が好都合である。このように両者の思惑が一致して，規模はどんどん拡大することになった。

　このような状況でＳＮＳ本来のユーザー相互の信頼に基づく安心な空間をとりもどすべく，特定の領域に限定して会員資格を限定する小規模なサービスがあらわれてきた。ここで特定の領域とは趣味，嗜好，同窓会などさまざまである。アメリカでも同窓会を切り口にしたＳＮＳであるFaceBookが人気となり，首位のMySpaceに迫るユーザーを獲得している。しかし，地域を切り口にしたＳＮＳは日本以外にはあまり例を見ない。インターネットの世界では珍しい日本発のサービス形態である。

　では，なぜ日本だけで地域ＳＮＳが発展したのか。これには政策的な仕掛けがある。総務省が2006年に地域ＳＮＳの実証実験を行い，これがきっかけと

なって同時多発的に地域ＳＮＳが急増することとなった。この時期はOpen PNEなどオープンソースのＳＮＳ構築ツールがちょうど提供された時期にも当たっており，行政の支援と，安価な構築環境が同時に与えられたことで2006年から2007年にかけ各地で地域ＳＮＳが急増する一年となったのである。ただ，地域ＳＮＳがわが国だけで急増したのは，政策的な誘導だけが原因だったのかについてはさらに検証する必要があろう。

（2）「まちれぽ宝塚」プロジェクト[9]

兵庫県宝塚市で2008年の7月からサービスを提供している「まちれぽ宝塚」は，地域ＳＮＳを核としたまちづくり活動である。しかし，地域のさまざまな問題がＳＮＳだけで解決するわけではない。そこでＳＮＳを核としながらも，バーチャルな場でのコミュニケーションと現実の場でのコミュニケーションとを循環させるなかで熟成させ，具体化したアイデアを実行することでさまざま

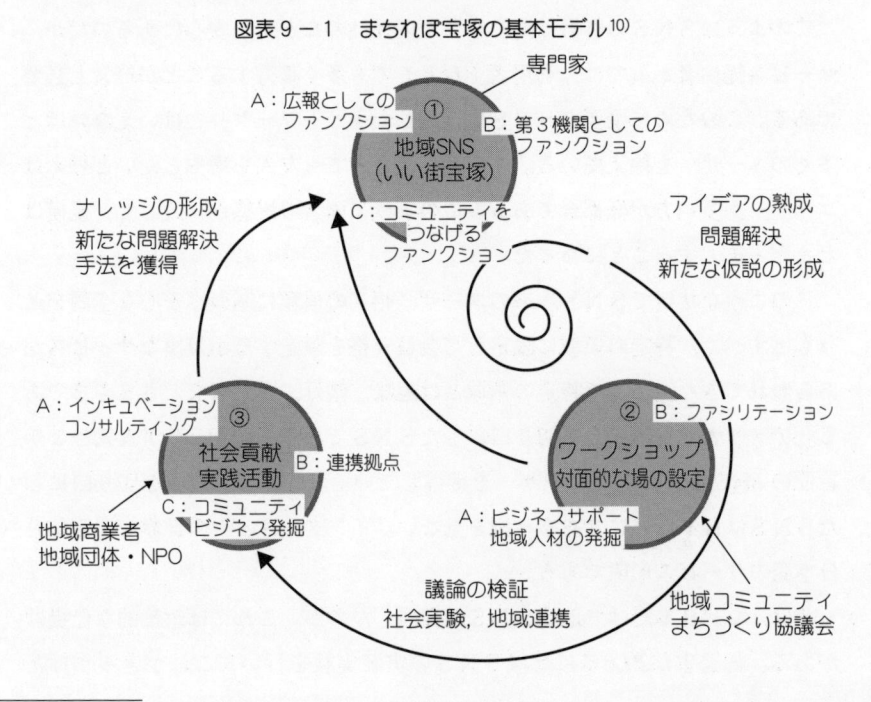

図表9−1　まちれぽ宝塚の基本モデル[10]

な地域問題の解決，新しい価値の創出をはかるモデルが採用された。

6
中心市街地に効果をもたらす地域情報化とは
－関係性の基盤形成に向けて－

　前図に示したような二重のスパイラル・プロセスを宝塚市内に構築することで，地域の問題を解決する仕組みを作る。これがこのプロジェクトの基本モデルである。現在はフューチャーリンクネットワーク社が全国に展開する「まいぷれ」を，上記のモデルに適合するように改変して運用されている[11]。

　ここまで，検討した結果から導かれる結論は，以下のとおりである。まず，地域再生のための地域情報化とは，従来のような商業の情報武装でも，単なるインフラ整備でもない。地域の主体をつなぎ地域の社会関係資本を増大させるようなサービスこそが，今日的な意味を持った地域情報化である。

　しかし，単なるＳＮＳの導入はともすれば単なるおしゃべりの道具に陥ってしまう。このような状態に陥らないためには，サービスの設計の時点で，達成すべき明確な目標を設定しておく必要がある。情報化にはコストが伴い，このコスト負担にみあった成果が見込めなくてはならないからである。

　しかし，あまりに具体的な達成目標は導入後の自律的に成長を阻害することもありえる。地域情報化のもたらす効果は，明確に定義される必要がある一方で，当初の目的を超えて自律的に発展し，創発的な効果をもたらすようなデザインであることが求められる。ゴールとなるまちの姿を設計段階で定義できる主体者は存在しないからである。また特定の利益を追求するような目標も適切とはいえない。

　では地域にとって，波及効果の大きな地域情報化の目標とは，どのようなものであるべきなのか。宝塚の事例が目指したように，地域の担い手の交代を促すものであり，これに替わる人材を地域から見いだすことができる仕組みであ

り，新たに参入してくる人を迎えトレーニングできるしくみが望ましいであろう。さらに新たな産業を地域に産み出すことのできる仕掛けであるならばさらに望ましい。このために消費者，産業者といった区分を超えた対話と，対話をもとにした行動のきっかけを与えるものであり，最終的にはその地域の魅力を高める道具となるようなもの，これが最終的なイメージであろうか。

ではこの目標に沿ってさらに具体的な目標を設定するとすればどのようなものが良いだろうか。

たとえば，ここで新しい産業を従来の産業にかわる地域の柱にしようとしている地域があるとする。しかし，行政が施策として実施できることは限られている。税制優遇やインキュベーション施設の提供，あるいは産業の担い手に対する魅力を高めるための福祉，教育政策などが考えられる最大限の施策となる。ただし，これだけでは創業期の企業やその社員をいったんは引き寄せることに成功したとしても，その場に引き留めておくことはできない。政策の恩恵を受けて成功を収めた人材や企業は，より条件の良い場所，より能力を活かせる地域をもとめて容易に移動してしまう。もしこれらの人材や企業を地域にとどめようとするなら，そこで大きな役割を果たすのは，人と人とのつながりであろう。これまで地域の人間関係というと，とかく活動を保守的に傾ける要素と考えられてきた。しかし，このようなプラスの効果もある。

次に考えつくのはその都市の持つ魅力である。都市の魅力一言で表現される中身には多様な要素が含まれている。たとえば，観光都市としての魅力と，産業発展に寄与する魅力とは，重なり合う部分を持ちながらも，異なる部分の方が大きい。観光資源としてみた場合には，景観や施設などの要素のしめる部分が大きい。景観は住民にとっても重要だが，施設はよほどのランドマーク性を備えたものでない限り，来街者に対しての魅力とはなっても，日々の生活を営む住民には飽きられてしまう。タウンマネジメントや新産業創成といった視点からみるなら，都市の魅力を形成する最大の要素はその街で活動する人々そのものであろう。

たとえば，レストランに食事に行くことを想像してみよう。旅行で一度だけ

第9章 都市再生のためのＩＣＴ活用とは

訪れるレストランなら外観や内装のすばらしさはお店を選ぶ際の決定要因になるが，なじみ客にとって店の設えなどは二次的な要素でしかなく，食事のおいしさや，お店の人とのやりとりの方が魅力として感じられるであろう。

新産業の創成，さらに引きとどめることによる持続的な発展は，このような都市の魅力に依存するところが大きい。そしてその魅力を形成しているのは人であり，人材を地域から見いだし，育成し，引き留めることは地域情報化の最大の目標となるのである。

ここでは導入コストに見合うだけの効果が期待でき，かつ創発的な発展可能性をもつ情報化の目標として，「地域の課題解決」「地域の魅力形成」をあげておく。いずれもコミュニケーションとアクションの双方が必要となる目標であり，成果の把握もある程度は可能である。

このような目標を実現するために，すべての関係者がこれについて話し合い，さらに話し合った結果をもとに役割を分担し，スケジュールを立て，必要ならば資金調達をして実際に行動することを通して，信頼関係を構築する。このような共通体験を通して築いた人間関係こそが，ソーシャルキャピタルの増大につながる活動であり，地域情報化の望ましいデザインであるといえよう。

注

1) 総務省統計局の発表では，平成15年9月15日現在における我が国の65歳以上人口（推計）は2,431万人で，総人口の19.0％を占め，人口，その割合とも過去最高となったとされる。
2) 構造的空隙（structural holes）とは，ロナルド・S．バートが「競争の社会的構造－構造的空隙の理論」新曜社（2006）で提案した概念である。
3) M. Granovetter, (1973) "The Strength of Weak Ties"; American Journal of Sociology, Vol. 78, No. 6.
4) D. Watts, S. Strogatz, (1998) "Collective dynamics of small-world networks", Nature 393
5) 情報化社会を最初に提唱したのが誰であるかについては諸説あるが，梅棹忠夫やマッハルプが1960年代の初めに，林雄二郎が「情報化社会」を著したのが1969年であるので，情報化社会という言葉は30年以上にもわたって使われてきたことになる。
6) 一般消費者向けの電子商取引を事業者間の商取引であるBtoB-ECと区分してこのように呼ぶ。

7) http://www.meti.go.jp/press/20050628001/e-commerce-set.pdf
8) インターネットが普及する以前は，電子掲示板（ＢＢＳ）が一般的だった。インターネットとは違って，サービスを提供するホストまでを電話回線を通して利用する方式だったため，市内通話で利用できるホストの人気が高かった。この種のホストの多くは，ボランティアで提供されていたため，草の根ＢＢＳと呼ばれた。
9) このプロジェクトについての詳細は以下を参照されたい。
福井誠（2008）「地域における問題解決のためのＳＮＳ構築」流通科学大学論集－経済・経営情報編－ Vol.16, No.2,
10) 図中では旧名である「いいまち宝塚」が用いられているが，この図の作成時期はこの名称であったため，そのまま使用している。
11) 「まちれぽ宝塚×まいぷれ」http://e-zuka.jp/ なお，プロジェクトの開始当初は「いいまち宝塚」という名称を使用していたが，ローンチの際の商標調査の際に現行の名称に改められた。

（福井　誠）

第10章

まちづくり主体の新視点

1 はじめに－まちづくり主体への問題認識－

（1） まちづくりプロセスの構造と主体への課題

　まちづくりを推進するためには，図表10－1に示したように，構想→手法→主体という一連のプロセスが必要不可欠になる。ここでいう「構想」とは，まちづくりの錦の御旗となる目標・理念・ビジョンを定めることである。また「手法」とは，これらの構想に基づいた具体的な手法・事業・スケジュールなどを定めることである。そして「主体」とは，これらの事業を推進する担い手のことである。

　とりわけ，そのなかで重要となるのが，具体的な事業計画の立案やこれらの事業の推進役となるまちづくり主体（担い手）の存在である。本章では，「主体」の重要性や存在意義に加えて，新たなまちづくり主体のあるべき姿を考察してみることにする。

図表10-1　まちづくりプロセスの構造

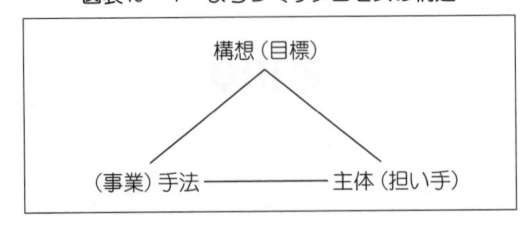

```
          構想（目標）
           /    \
          /      \
  （事業）手法 ──── 主体（担い手）
```

　近年においては、まちづくりの担い手として期待されていた商業者は、経営難はもとより、経営者の高齢化やそれに伴う後継者難が顕著にみられるようになり、商店街組織の運営はもとより、まちづくりの担い手としての役割を果たすことが極めて難しい状況にあることは否めない。これらを補完する意味で、地域住民や大学などを巻き込んだまちづくりの推進体制が構築されるようになり、一定の成果もみられるようになってきている。

　しかし、商業者自らが積極的にまちづくりに参画しないなかで、地域住民や大学などに頼るだけでは、一過性に終わることも危惧されており、何よりも持続可能なまちづくりを推進することはできない。

　これらを解消するためには、更なるまちづくりへの商業者の意識改革に期待するところであるが、経営難や人材難などによるモチベーションの低下によって、ヤル気の喪失やあきらめなども顕著にみられるなかで、これらへの期待は、ますます困難な状況になってきているといえよう。

（2）　まちづくり主体の変遷と問題提起

　商店街活性化はもとより、まちづくりを推進するうえにおいて、従来は商店街（商業者）と行政が中心となって事業を推進してきた。しかし、既述したように経営難に加えて経営者の高齢化やそれに伴う後継者難、空き店舗の急激な増加などによる組織活動の脆弱化によって、事業を推進する商業者の担い手が減少してきている。

　これらを補うために、近年、地域住民や大学などに協力を呼びかけ、市民の参画と協働によるまちづくりへの動きがみられるようになってきており、行政

第10章 まちづくり主体の新視点

が音頭をとり，商業者が事業に取り組む「行政・商業者主導型のまちづくり」から「市民参画協働型のまちづくり」への移行が顕著にみられる。

　それは，地域が一体となったまちづくりを通して，派生的に商業活性化を推進させる動きとなって現れてきている。しかし，これらの連携・協働だけではまちづくりを推進する「主体」を形成することはできない。もとより，まちづくりの主体は商業者に期待するところであるが，これらが困難な状況に陥っている現状では，何らかのまちづくり主体を地域全体で構築して，これらの組織・団体が中核的役割を果たして，地域住民や大学などとのネットワークを通して，事業を推進することが必要不可欠になってきている。

２ まちづくり主体の概況と課題

（１）　ＴＭＯによるまちづくり主体の概況

　1990年代後半からまちづくり政策[1]としてによる「ＴＭＯ（Town Management Organization）：タウンマネジメント機関」によるまちづくりが推進された。

　それは，市町村が中心となって，まちづくりのビジョンとなる「基本計画」を策定し，その受け皿となる商工会議所・商工会などが具体的事業計画などを作成する「ＴＭＯ構想」を策定して，ＴＭＯがまちづくり主体となって事業を推進する。さらに，ハード事業を推進するうえにおいては，「ＴＭＯ計画」を策定して，より詳細な事業計画の立案などが必要になった。

　そこでは，まちづくり主体となるＴＭＯは大きく２つに分類され，ひとつは商工会議所・商工会などが企画調整し，商業者などが事業を推進する「企画調整型ＴＭＯ」と，まちづくり会社などが主体となり，企画調整と事業実施を一体的に推進する「企画調整・事業実施型ＴＭＯ」によって，まちづくりへの取り組みが行われた。

　しかし，ＴＭＯによるまちづくりは，当初期待されたほど有効に機能しなかったといえよう。何故ならそれは，「企画調整型ＴＭＯ」は推進母体のプロ

デューサー的役割を果たすべき商工会議所・商工会の経営指導員が一般業務との兼務を余儀なくされ，業務の片手間でまちづくりに取り組まざるを得ない状況のなかで，舵取りが困難な状況に陥っていった。さらに，事業資金や人材難も加わって，事業計画の策定が思うようにできなかった。

また，これらを指導・支援すべき行政やタウンマネージャーなども十分な指導力を発揮することができなかった。そして何より，推進主体となるべき商業者の人材不足や他者への依存などが顕著にみられるなかで，笛吹けど踊らない商業者の存在が浮き彫りになった。

一方，「企画調整・事業実施型TMO」は，地域のなかでの受け皿の困難さはもとより，経営（運営）を維持するための財源確保や事業資金の捻出などに追われ，積極的な事業展開ができない状況に陥り，行政などからの支援を余儀なくされるなかで運営しているTMOも多くみられた。

このように，推進母体であるTMO組織の構築の困難さはもとより，推進主体の人材難に加えて，行政やタウンマネージャーの総合的な指導力の不足などもみられるなかで，TMOによるまちづくりは，期待されたほどの成果を発揮できなかった。

（2） TMOを設立しなくてもまちづくりは推進できる

このような状況下で，TMOを設立しなくてもまちづくりに積極的に取り組み成果を上げている商店街や中心市街地が一部にみられる。それは，カリスマ的な商業者がリーダーシップを発揮して，地域の各種団体などと連携・協働したまちづくりへの取り組みである。

以下に，これらの事例を紹介してみることにする。

① 長崎県佐世保市させぼ四ヶ町商店街(協)

当商店街は，佐世保市の中心市街地に位置する商店街であり，カリスマ的な理事長をはじめ，理事や組合員が一体となって，「きらきらフェスティバル」などのイベント事業をはじめ，各種事業に積極的に取り組んでいる。

第10章　まちづくり主体の新視点

出所：きらきらフェスティバル実行委員会「きらきら応援団大募集」チラシ

そのなかでとりわけ注目したいのが，佐世保のまちをみんなの力で輝かそうという主旨で，イベント事業への参画・協力費として「きらきら応援団大募集」である。それは，地域住民などから1口1,000円の協賛金を頂くシステムの導入である。もちろん，1,000円を協賛金（寄付）として頂く代わりに，イベント当日には簡易な飲食や軽食なども用意されており，地域全体でイベントを盛り上げるシステムを構築している。

まさしくそれは，商業イベントを通して，地域住民などが積極的に事業に参画して，まちの活力とにぎわいを高める「市民ファンド（トラスト）」による新たなまちづくりへの推進システムの構築であるといえよう。

② 兵庫県神戸市長田神社前商店街(振)

当商店街は，阪神淡路大震災の影響を受けて，若手商業者の危機感が高まるなかで，各種イベント事業などにおいて，地域との連携・協働に積極的に取り組んでいる。

とりわけ，注目したいのが「タメ点カード長田」である。このカードシステムは，タメ点カードの端数を集めて，複数の地域（社会）団体に寄付することで，地域との連携・協働を高めている。そこには，消費者として買物することによって，僅かではあるが地域へ社会貢献してくれる商店街に対する信頼と敬意が感じられる。

さらに，イベントの企画・運営なども商業者と地域（社会）団体などが協議する場として，毎週水曜日の夜に開催される「水曜会議」の存在がある。それは，商業者の若手が音頭をとりながらも地域住民・団体などが参画・協働して，イベントなどの企画・運営会議を開催している。

まさしくそれは，地域と一体となった参画・協働のまちづくりの実践である。そこには，商業者も積極的に参加して，地域の活力やにぎわいを高揚させるために知恵を絞っている。これらは，後で詳しく述べる「ソーシャル・キャピタル（社会関係資本）」の構築によるまちづくりの推進である。

第10章　まちづくり主体の新視点

③　兵庫県神戸市甲南本通商店街(振)

当商店街は，阪神淡路大震災以後に，危機感を感じた若手商業者の台頭によって，周辺の商業者も巻き込んで，イベント業者などへの発注型運営から脱皮し，地域との積極的な連携・協働に取り組んで斬新なイベント企画や行動力が高揚された。そして，地域住民や各種団体はもとより，周辺の複数の大学と連携・協働して，手づくりイベント事業（甲南にぎわいフェスタ他）などを展開している。さらに，地域への社会貢献として，1ヶ月の期間限定の社会実験事業ではあるが「子育て支援事業」にも挑戦し成果をあげている。

これらを推進するために，日頃から地域の自治会や婦人会などのイベントにも積極的に参画・協力するなかで，商店街イベント事業に地域住民や各種団体の取り込みに成功している。そこには，地域を上げて商業者と地域住民や各種団体などとの互助精神が働いている。

まさしくそれは，商業者が橋渡し役となって，地域住民・団体などと連携・協働してネットワークを構築する事業の推進であり，地縁組織の再構築や集いの場を形成して信頼・対話・融合目指す関係性マーケティングによるまちづくりの推進であるといえよう。

（3）　改正中活法による新たな中活協議会の現況と課題

1998（平成10）年7月に施行された中活法に代わって，2006（平成18）年8月22日に改正中活法が施行された。そして，従来のTMOの反省も込めて，多様な主体によるまちづくりの司令塔となる中活協議会の法制化が義務付けられた。

この中活協議会は，新たな基本計画を協議（審議）する場に加えて，事業を推進するまちづくり主体としての役割も期待されている。しかし，国から基本計画の認定を受けた後は，その役割を終えたように動きが鈍くなり機能麻痺を起こし，多くの中活協議会では休止状態に陥り，基本計画で定めた具体的事業を推進することができない状況に陥っている。

そこでは，国の指針に沿って余儀なくされた多様な主体（行政，商工会議所・商工会，まちづくり会社，地権者，事業者，市民など）が集まって協議をする場とし

ての機能は持ち合わせていても，具体的事業を実施・運営・管理するまちづくり主体としての本質的機能は内包されていないといえよう。

本来，まちづくり主体に望まれるのは，構想や事業計画を協議するだけでなく，具体的事業を企画・運営・実践することである。そのためには，中核的なタスクフォース（戦略実行部隊）としての企画・行動・運営力が必要不可欠になる。これらの機能を有していない中活協議会は，TMOと同様の結果になる危険性を大いに秘めている。

3 まちづくり主体への新たな視点

（1）新たなまちづくり主体としての中活協議会への考察

前項で既述したように，まちづくり主体としての役割を果たすべき設立された中活協議会は，多様な主体で基本計画を協議・審議する機能は持ち合わせていても，まちづくり主体として，事業を推進・実践する機能は，当初からあまり重きを置いていなかったように思われる。

それゆえ，国から基本計画の認定を受けた後は，多くの中活協議会においては役割を終えたように動きが止まり，事業の推進や実施ができない状況に陥っているところが多くみられる。

これらを打破し，まちづくり主体の役割を果たすためには，図表10－2に示したように，中活協議会における「3層型の組織構造」が必要になる。

それは，推進母体としての多様な主体による「戦略会議（知恵袋的機関）」に加えて，事業の推進主体としての中核的な役割を果たす「戦略実行部隊（事務局）」の存在が必須となる。そして，事業推進を支援・協賛する「サポート隊（協働スタッフ）」を確保する組織体制の構築である。

これを実践しているのが，兵庫県伊丹市の中活協議会である。伊丹市では，TMOの下部組織として戦略実行部隊の役割を果たしていた「いたみタウンセンター（以下，ITC）と呼ぶ」が，2005（平成17）年4月1日の中活法の政令改

図表10-2　中活協議会における「3層型組織構造」

```
≪中活協議会≫
＜推進母体としての多様な主体による戦略会議＞
事業者，地権者，自治会，大学，NPO，商工会議所・商工会，行政他
                    ↓
＜推進主体としての戦略実行部隊＞
NPO法人，まちづくり会社他
                    ↓
＜サポート隊（協働スタッフ）＞
学生，地域住民・自治会他
```

出所：浜田恵三「まちづくりのマーケティング」田中道雄・田村公一編著『現代のマーケティング』中央経済社，2007.5, 233頁　図表11-7を修正・加筆

正によって、「ITC」をNPO法人化し、商工会議所による企画調整型TMOに加えて、全国初のNPO法人としてTMO認定を受け、企画調整型TMOと二人三脚で事業の企画・運営・管理を推進してきた。

そして、改正中活法の施行後は、新たな基本計画の策定と合わせて、NPO法人ITCを中活協議会の戦略実行部隊として位置づけている。さらに、まちづくりのサポート隊として、地域住民や学生などの協働スタッフの参画を強化して、事業推進の役割分担システムを構築して各種事業を実施している。

新たな基本計画は、2008（平成20）年5月29日に国への申請が受理され、同年7月9日に認定を受けた。現在、中活協議会において基本計画で定めた72事業の推進や数値目標を達成するために、各種イベント事業や地域ブランド事業などに積極的に取り組んでいる。

（2） まちづくり主体としての「新たな公（共）」への考察

まちづくり主体となるべき各種団体の「便益（benefit）」については、第3章で既述しているが、ここでは、それらを発展・拡大させて、図表10-3に示したように、まちづくり主体の視点から考察を深めてみることにする。

図表10-3　まちづくり主体の構造・便益・推進体制

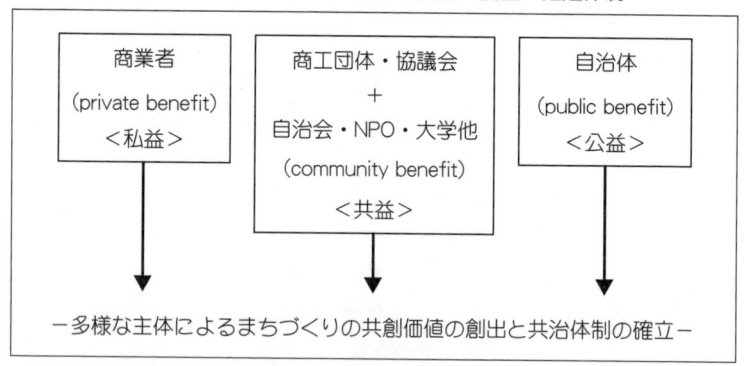

```
┌─────────────────┬─────────────────────┬─────────────────┐
│    商業者        │  商工団体・協議会    │    自治体        │
│ (private benefit)│        ＋            │ (public benefit) │
│    ＜私益＞      │  自治会・NPO・大学他 │    ＜公益＞      │
│                 │ (community benefit)  │                 │
│                 │    ＜共益＞          │                 │
└────────┬────────┴──────────┬──────────┴────────┬────────┘
         ↓                   ↓                   ↓
   －多様な主体によるまちづくりの共創価値の創出と共治体制の確立－
```

出所：高橋愛典「バス交通政策を通じた地域活性化の試み」『運輸と経済』第67巻第3号2007年，56頁の図表を参考にして作成

　まず，従来からまちづくり主体の中核として期待されてきた商業者は，あくまで個店の「私益(private benefit)」を追求することに重きを置いているため，商店街組織活動はもとより，まちづくり事業で地域住民などと連携・協働しても，自らの利益を前面に打ち出すあまり，地域の利益を考慮することが希薄になり，地域住民などとの意識に乖離がみられる。

　また，自治体は地域（全体）の「公益(public benefit)」が目的となるが，中心市街地活性化を重点に置いたまちづくりへの偏りに対しては，周辺商業者から問題を投げかけられている。また，市民（地域住民）からみれば商業者利益への偏重に対しても不満があることは否めない。

　このような状況のなかで，地域全体で取り組む「共益(community benefit)」の創出が必要となる。これらの担い手は，商工団体やまちづくり協議会が中核となって，地域全体の便益を共有しようとするものである。まさしくそれは，まちづくりの推進母体としての中活協議会の果たすべき役割である。

　しかし，既述したように，これらのまちづくり主体は，十分な役割を果たしているとはいえない。そこには，まちづくりに対する「共創価値」が不明瞭であるため，参加団体のエゴやわがままがまかりとおり，意見の集約ができない状況に陥り，「新たな公(共)」としての存在感が発揮されないでいる。

これらを解消するためには，何よりもこれらの各種団体を取りまとめ，イニシアチブを発揮する，まちづくり主体の構築が必要不可欠になる。そして，まちづくりに取り組む便益を明確にして，まちづくりへの共創価値を確立し，地域社会のなかでのパートナーシップを形成して，まちづくりへの共治体制の確立や規範を再構築することが望まれるといえよう。

（3） ソーシャル・キャピタルによる「市民力」の醸成

まちづくりに向けたネットワークを構築し，社会組織を考察するうえにおいて，有効な示唆を与えてくれるのが，R.パットナム他が提唱する「ソーシャル・キャピタル（Social Capital）：社会関係資本」の概念である。

ここでいう，「ソーシャル・キャピタル」とは，社会的な絆（ネットワーク）の構築とそこから生まれる規範・信頼であり，地域共通の目的に向けて効果的に協調行動へと導く社会市民組織と定義する。まさしくそれは，組織内および組織間の協力を容易にさせる規範・価値観・理解の共有を伴ったネットワークを構築できる可能性を秘めている。

ソーシャル・キャピタルには，異質な者同士を結びつける「ブリッジング（橋渡し型）」と同質な者同士を結びつける「ボンディング（結合・紐帯強化型）」がある。とりわけ，まちづくりを推進するためには，前者の「ブリッジング（橋渡し型）」のソーシャル・キャピタルが有効な示唆を与えてくれている。

それは，外部とのつながりを強化して，異なった情報や資源，機会へのアクセスを増加させ，多様な人々が議論するためのプラットフォームとなり，まちづくり主体の構築に効果的な役割を果たすといえよう。

これらを前提にして，まちづくりの「ソーシャル・キャピタル」を構築するためには，行政や商業者はもとより，各種のまちづくりの中核団体などが「橋渡し役」となって，地域住民（市民組織他）や大学などを巻き込んで，社会市民組織を構築して，まちづくり運動へ発展・拡大させることが望まれる。

これらの推進にあたっては，既に第9章で述べているように，人と人とのつながりを促進・サポートするコミュニティ型のWebサイトによる「地域SN

S(ソーシャル・ネットワーキング・サービス)」の活用などによって，地域における新たな仲間つくりや人間関係を再構築するために，地域コミュニケーションを円滑にする手段や場を創出し，「市民力[2)]」の醸成による地域の共治体制を確立して，まちづくりを支援・促進することが望まれる。

　これらの取り組みは，既に一部の都市でみられるが，今後は中活協議会などと連携・協働した取組みが必要不可欠になってきている。

4
おわりに－今後のまちづくり主体への課題と展望－

　本章では，まちづくりを持続的に推進し，効果を発揮させるためには，まちづくり主体の存在が重要になることを，先進事例を交えて考察してきた。

　とりわけ，まちづくり主体の形成には，何らかの中核集団が「橋渡し役」となって，地域とのネットワークを確立することが強く望まれる。そのためには，これらの推進役となるまちづくりコーディネーターやタウンマネージャーの存在も欠かせない要素となる。

　何故なら，まちづくりに積極的に取り組んでいる地域には，必ずキーパーソン的な役割を果たしている人材や団体が存在するからである。その意味でも，商業者はもとより，地域住民や行政マンにも期待するところである。そして，何よりもまちづくりに積極的に参画する幅広い人材の確保や創出へ向けた新たな取り組みやシステムの構築が望まれる。

　近年，これらに呼応するようにまちづくり市民組織の構築がみられる。それは，地域社会に立脚した市民が自律組織を構築する「市民事業体」や，公益を事業理念に据える「社会的企業（社会起業家）」などもみられる。これらの新たな事業組織などがまちづくりの中枢的役割を果たしながら，地域に眠る潜在的な市民組織などを掘り起こし，更なる「市民力」を醸成して「エリアマネジメント（地域経営）」の視座に立ったまちづくり運動へ進化させることが必要不可欠になる。

第10章　まちづくり主体の新視点

そして，これらのまちづくりの推進主体が確立され，「地域力（民度）」が高揚されることによって，持続あるまちづくりが可能になる。

◆ 注

1) 渡辺達朗は，「流通政策入門（中央経済社）」のなかで，まちづくり3法などの政策を「まちづくり政策」と位置づけている。
2) 上野征洋他は，「市民力（株式会社宣伝会議）」のなかで，市民力とは，「地域社会にアイデンティティをもち，自己と他者の"幸せ"の享有をめざす志向と行動から生まれる生活革新の力」と定義付けている。

◆ 参考文献

- 三谷真・浜田恵三・神戸一生編著『都市商業とまちづくり』税務経理協会，2005年
- 田中道雄・田村公一編著　濱田恵三他著『現代の流通と政策』中央経済社，2006年
- 田中道雄・田村公一編著　濱田恵三他著『現代のマーケティング』中央経済社，2007年
- 吉田民雄・杉山知子・横山恵子著『新しい公共空間のデザイン』東海大学出版，2006年
- 稲葉陽二著『ソーシャル・キャピタル』生産性出版，2007年
- 細野助博著『中心市街地の成功方程式』時事通信社，2007年
- リチャード・フロリダ著（井口典夫訳）『クリエイティブ・クラスの世紀』ダイヤモンド社，2007年
- 上野征洋・根元敏行＋博報堂ソーシャル・マーケティング研究会『市民力』株式会社宣伝会議，2006年
- 高橋愛典「バス交通政策を通じた地域活性化の試み」『運輸と経済』第67巻第3号，2007年
- 橋本行史「行政と住民の協働のあり方の考察」関西実践経営，第34号，2007年
- 「季刊まちづくり21号」特集：まちづくり市民事業と中心市街地再生，20〜29頁，学芸出版社，2008年

（濱田　恵三）

索　引

(A～Z)

BID……………………………………13
BOX SHOP……………………………60
e－Japan……………………………146
ＩＣＴ………………………………139
ＬＲＴ…………………………………2
ＭＭＯＲＰＧ………………………144
Open PNE……………………………149
ＰＭ………………………………54, 69
ＳＰＣ…………………………………58
ＳＷＯＰ分析…………………………58

(あ行)

アクセス交通……………………47, 49
新たな公(共)…………………163, 164
一店逸品運動…………………………59
インキュベーション………………152
インキュベーションオフィス………61
インターネット……………………139
ウエブ商店街…………………………62
売上歩合制……………………………65
駅ナカ…………………………………44
エリアマネジメント………………166
オーグメントリアリティー………143
オープンカフェ………………………61
オレンジストリート………………119

(か行)

買回品……………………………44, 45
買い物バス………………………49, 50, 51
回遊交通………………………47, 48, 49
活性化委員会…………………56, 57, 69
観光資源………………………130, 152
企画調整・事業実施型ＴＭＯ……158
企画調整型ＴＭＯ…………………157

喜多方ラーメン街…………………114
基本方針………………………………3
草の根ＢＢＳ………………………148
区分登記………………………………56
クリニックモール……………………60
黒壁…………………………………109
広域効果要件…………………………4
公共交通…………………………41, 52
構造的空隙…………………………138
公的支援……………………………108
神戸南京町…………………………113
個店支援……………………………108
個店力………………………………107
コミュニティサポートセンター…103
コミュニティバス………………49, 51
コンパクトシティ……………………74

(さ行)

再々開発事業………………55, 66, 69
魚の棚商店街………………………114
サテライトキャンパス………………60
産官学民……………………………140
産業観光…………………………129, 130
3層型の組織構造……………………162
市街地再開発事業……………………62
事業モデル…………………………147
持続的な発展………………………153
私鉄……………………………………43
シビック・プライド…………………30
市民事業体…………………………166
市民の生活拠点…………………55, 56
市民ファンド………………………160
市民力…………………………68, 166, 167
社会起業家…………………………138
社会的企業…………………………166
集積要件………………………………4

受益者負担地区制度……………………90
商学………………………………42, 46, 52
商業力発掘調査 ………………………115
商圏………………………………44, 45, 47
商工団体 …………………………… 50, 51
消費者モニター …………………………58
身体性 …………………………………145
新横浜ラーメン博物館 ………………113
趨勢要件 ………………………………… 4
数値目標 ………………………………… 4
スクラップ＆ビルド ……………… 55, 56
すすきのラーメン横丁 ………………113
ストアマネージャー ……………… 63, 65
スペシャル・ディストリクト …………89
スロータウン …………………………106
スローフード …………………………106
税制優遇 ………………………………152
セカンドライフ ………………………144
セントラライズド・リテール・
　マネジメント …………………………89
戦略的中心市街地(中小)商業等活性化
　支援事業補助金 …………………66, 69
ソーシャル・キャピタル ……138, 160, 165
ゾーニング規制…………………………88

(た行)

第3のステージ ………………………103
体験型店舗パワー ……………………114
タウン・プロパティ・マネジメント …106
タウンセンターマネジメント …………92
ダウンタウン ……………………………88
タウンマネジメント …………………152
タウンマネジメント手法 ………………87
立花通り商店街 ………………………119
団体支援 ………………………………108
地域ＳＮＳ …………………………62, 165
地域コミュニティづくり ………………87
地域情報化 ……………………………140
地域ファンド …………………………14

地域名産店パワー ……………………113
地方自治体 ……………………………146
着地型観行 ……………………………128
チャレンジショップ ……………… 57, 60
中小企業地域資源活用支援促進法 ……127
中小商業活力向上事業 …………………66
中心市街地活性化協議会 …………… 6, 93
中心市街地活性化法…………………… 1
テーマパーク …………………………110
テナントマネジメント …………………65
テナントリーシング ………57, 65, 67, 69
天五中崎通商店街 ……………………117
電子市役所 ……………………………146
電脳コイル ……………………………143
店舗クリニック ……………………58, 59
同業集積パワー ………………………113
都市型観光 ……………123, 126, 130, 136
都市の魅力 ……………………………152
都市福利施設…………………………… 2
トラスト ………………………………160

(な行)

中崎町 …………………………………117
懐かしさ ………………………………110
ニューツーリズム ……………………129
二重のスパイラル・プロセス ………151
暖簾分け制度 ……………………………59

(は行)

バーチャルリアリティー ……………143
パートナーシップ組織…………………92
ハッピーリタイア制度 …………………59
ぱてぃお大門 …………………………109
ビジットジャパンキャンペーン …124, 125
ビジネス・インプルーブメント・
　ディストリクト ………………………89
広島お好み村 …………………………113
物流 ………………………………… 42, 46
物流まちづくり …………………… 43, 49

索　引

補助金 …………………………………10
堀江 ……………………………………119

（ま行）

マーケティング・コミュニケーション
　戦略 …………………………………23
まいぷれ ………………………………151
まちづくり ………………………41, 52
まちづくり会社 ………67, 68, 69, 70
まちづくり機関 ………………………88
まちづくり協議会 ……………………10
まちづくり主体 ………………………155
まちづくりファンド …………………14
まちなか居住 …………………………2
まちれぽ宝塚 …………………………150
丸亀町商店街 …………………………109
メインストリートプログラム………91

最寄品 ……………………………44, 45

（や行）

柳ヶ瀬商店街 …………………………122
横浜カレー博物館 ……………………113
横浜中華街 ……………………………113
弱い紐帯 ………………………………138
弱い紐帯の強さ ………………………139

（ら行）

ライフスタイルセンター…71, 76, 77, 78, 96
ランドマーク …………………………152
リテール・ゾーニング ………………89
歴史保全ナショナルトラスト………90

（わ行）

ワークショップ ………………………62

執筆者紹介（執筆順）

■三谷　真（みたに　まこと）　編著者（第1章担当）
・1955年生まれ，県立神戸商科大学（兵庫県立大学）大学院経営学研究科博士後期課程修了
・関西大学商学部准教授
・専門分野：商業論，消費論，流通政策
・主要著作：『アメリカ企業の史的展開』共著　ミネルヴァ書房　1990年
　　　　　　『現代流通の動態分析』共著　千倉書房　1991年

■滋野　英憲（しげの　ひでのり）（第2章担当）
・1959年生まれ，明治大学大学院経営学研究科博士前期課程修了
・甲子園大学現代経営学部准教授
・専門分野：消費者行動論，マーケティング論
・主要著作：『マーケティングの最前線1』共著　学文社　1984年
　　　　　　『マーケティングの最前線2』共著　学文社　1990年

■高橋　愛典（たかはし　よしのり）（第3章担当）
・1974年生まれ，早稲田大学大学院商学研究科博士後期課程修了　博士（商学）
・近畿大学経営学部准教授
・専門分野：交通論，ロジスティクス論，商学
・主要著作：『地方分権とバス交通』共著　勁草書房　2005年
　　　　　　『地域交通政策の新展開』単著　白桃書房　2006年

■神戸　一生（かんべ　かずお）　編著者（第4章担当）
・1946年生まれ，関西学院大学商学部卒業
・(協)ＴＭネット　理事長，都市商業研究所　所長
・専門分野：まちづくり，複合型ＳＣ再生，タウンマネージャー
・主要著作：『都市商業とまちづくり』共著　税務経理協会　2005年

■郷田　淳（ごうだ　あつし）（第5章担当）
・1965年生まれ，関西大学商学部卒業
・(株)ダイナミック　マーケティング社　在籍
・専門分野：ショッピングセンター企画・開発，商業からみたまちづくり
・主要著作：特になし

■出口　巳幸（でぐち　みゆき）（第6章担当）
・1953年生まれ，龍谷大学経済学部経済学科卒業
・(株)ＦＢＣまちづくり研究所　代表取締役所長　商業施設省エネ推進会議　代表
・専門分野：中心市街地活性化，商店街活性化，地元主導型ＳＣ開発・再生
・主要著作：「米国の中心市街地活性化におけるタウン・マネージメント手法を学ぶ」
　　　　　　（『ショッピングセンター』）日本ＳＣ協会　1999年
　　　　　　「計画的に造られた商店街『ライフスタイルセンター』の狙いと方向」
　　　　　　（『商店街Plaza』）全国商店街振興組合連合会　2007年

■池田　朋之（いけだ　ともゆき）（第7章担当）
・1957年生まれ，日本大学法学部卒業
・(株)アソシエ　代表取締役
・専門分野：経営診断，店舗診断，中心市街地活性化，個店力向上によるまちづくり
・主要著作：『パワーセンターの脅威』共著　同友館　1995年
　　　　　　『はじめての経営分析』単著　経林書房　1995年
　　　　　　『都市商業とまちづくり』共著　税務経理協会　2005年

■小泉　寿宏（こいずみ　としひろ）（第8章担当）
・1962年生まれ，青山学院大学法学部公法学科卒業
・(株)ＫＢＳ創研　代表取締役
・専門分野：経営診断，観光診断，まちづくり支援
・主要著作：『戦略診断講座商業編』共著　同友館　1999年
　　　　　　『都市商業とまちづくり』共著　税務経理協会　2005年

■福井　誠（ふくい　まこと）（第9章担当）
・1957年生まれ，関西大学大学院社会学研究科博士前期課程修了　博士（人間文化学）
・学校法人中内学園　流通科学研究所　教授
・専門分野：社会情報学，経営情報学
・主要著作：『生活と情報の科学』共著　中央法規　1997年
　　　　　　『21世紀わたしの経営戦略』共著　学会センター関西　2001年

■濱田　恵三（はまだ　けいぞう）編著者（第10章担当）
・1950年生まれ，大阪市立大学大学院工学研究科後期博士課程修了　博士（工学）
・神戸流通科学大学サービス産業学部教授
・関西大学商学部・近畿大学経営学部非常勤講師，ジアデザイン神戸　所長
・専門分野：都市商業論，流通政策，まちづくり，タウンマネージャー
・主要著作：『街づくりの新たな視角』共著　中央経済社　1992年
　　　　　　『現代の流通と政策』共著　中央経済社　2006年

編著者との契約により検印省略

平成21年4月15日　初版第1刷発行

都市と商業
中心市街地再生の新たな手法

編著者	三　谷　　　真
	滋　野　英　憲
	濱　田　恵　三
	(協)ＴＭネット

発行者	大　坪　嘉　春
印刷所	税経印刷株式会社
製本所	株式会社　三森製本所

発行所　東京都新宿区　株式会社　税務経理協会
　　　　下落合2丁目5番13号
郵便番号 161-0033　振替 00190-2-187408　電話(03)3953-3301(編集部)
　　　　　　　FAX(03)3565-3391　　　　(03)3953-3325(営業部)
URL http://www.zeikei.co.jp/
乱丁・落丁の場合はお取替えいたします。

©　三谷　真・滋野英憲・濱田恵三・(協)ＴＭネット　2009

本書を無断で複写複製（コピー）することは，著作権法上の例外を除き，禁じられています。本書をコピーされる場合は，事前に日本複写権センター（JRRC）の許諾を受けてください。
JRRC(http://www.jrrc.or.jp　eメール:info@jrrc.or.jp　電話:03-3401-2382)

Printed in Japan

ISBN978-4-419-05225-6　C2034